U0215591

# 两淮采煤沉陷湿地
# 水鸟群落研究及其保护

李春林　程　琳　王光耀　宋向荣　著

中国林业出版社
China Forestry Publishing House

**图书在版编目（CIP）数据**

两淮采煤沉陷湿地水鸟群落研究及其保护 / 李春林
等著 . -- 北京 : 中国林业出版社 , 2024.1
ISBN 978-7-5219-2500-5

Ⅰ . ①两…　Ⅱ . ①李…　Ⅲ . ①煤矿开采 – 采空区 – 沼
泽化地 – 水生动物 – 鸟类 – 动物群落 – 研究 – 安徽　Ⅳ .
① Q959.708

中国国家版本馆 CIP 数据核字（2024）第 007674 号

策划编辑：肖　　静
责任编辑：袁丽莉　肖　　静
—————————————

出版发行：中国林业出版社
　　（100009，北京市西城区刘海胡同 7 号，电话 83143577）
电子邮箱：cfphzbs@163.com
网　　址：www.forestry.gov.cn/lycb.html
印　　刷：河北京平诚乾印刷有限公司
版　　次：2024 年 1 月第 1 版
印　　次：2024 年 1 月第 1 次
开　　本：710mm×1000mm 1/16
印　　张：12.75
字　　数：210 千字
定　　价：80.00 元

 序 言

　　人类深刻地改变了地球表面。人类在地球表面移动的岩石与土壤的体积比地球上所有海洋、河流和湖泊的体积还大2倍，其中包括人类的采矿。从太空看地球，人类露天开矿已经在地表留下深深的伤痕。美国犹他州宾汉姆峡谷露天矿，宽超过4 km，长1.2 km，矿工们每天从坑中移出$45×10^4$t的岩石和矿石，使之成为从太空可见的人工景观。中国煤炭产量约占世界各国总量的一半。煤炭开采在提供能源的同时，造成了地表沉陷、环境污染、耕地丧失等问题。2011年，全国因采煤而形成的地表沉陷面积已达$1.0×10^4$ $km^2$，并以每年$700km^2$的速度增加。

　　两淮矿区是中国的重要煤炭基地，面积达$1.8×10^4$ $km^2$，集中了安徽省99%以上的煤炭资源。两淮矿区经过多年开采，地表形态发生剧烈变化，由于地下水水位高，降雨充沛，沉陷地表积水形成了众多大小、深浅不一的季节性或常年积水的湿地。采煤沉陷区原本的农田生态系统逐渐向湿地生态系统演变。两淮矿区煤矿形成采煤沉陷区后，如何"启动或加速生态系统在健康、完整和可持续性方面的恢复"，恢复矿区自然景观是一项恢复生态学工程。在本书中，李春林教授团队总结了他们以水鸟作指示物种开展的两淮矿区采煤沉陷湿地生态恢复研

究，探索了采煤沉陷湿地如何在有效管理下保护生物多样性，并提供生态系统服务。

团队发现在沉陷的地表刚开始积水、形成沼泽时，陆生植被逐渐被湿生植被替代。此时，黑水鸡、须浮鸥和小型䴙䴘类等即开始利用这些湿地；当积水逐渐变深，植被持续发生逆行演替，水鸟群落也发生显著变化，偏好开阔水域的水鸟，如鸭类、雁类、天鹅、鸬鹚、鸥鹬开始出现。在东亚－澳大利西亚候鸟迁徙路线上自然湿地退化、丧失的背景下，迁徙水鸟在秋季迁徙期、繁殖后期经过两淮采煤沉陷湿地并在此停歇或越冬。该地的水鸟种类和个体密度仅次于国际重要湿地、国家级自然保护区升金湖。

李春林教授等特别地分析了两淮采煤沉陷湿地水鸟群落结构特征并针对性地提出保护对策。他们发现两淮采煤沉陷湿地水鸟群落结构受湿地年龄、水域面积、距人口聚居区的距离、距交通线的距离、湿地形状指数及距周边湿地面积等因素的影响，并呈显著的嵌套结构；当地鸟类主要由功能特征相似、谱系关系近的种组成，发生了功能和谱系上聚集，表明了环境筛选在水鸟群落构建过程中的重要作用；此外，由于水鸟具有较强的扩散能力，其群落构建不能归因于随机过程或先锋物种对群落构成的影响（即优先效应）。

团队发现两淮采煤沉陷湿地中大多数水鸟群落的 α 功能多样性观测值低于随机预测值，这说明非随机过程导致了功能聚集；而其 β 功能多样性高于其随机预测值，也表明非随机过程（如环境筛选作用）的作用。那些水鸟群落的 β 功能多样性高于分类多样性，前者主要由功能嵌套形成，而后者主要由物种周转形成。β 多样性的周转和嵌套组分在生物多样性保护中具有重要意义。鉴于非随机过程（如环境筛选作用）在其水鸟群落构建中的重要作用，这些湿地中的生境多样性应得到加强，从而为多种水鸟提供适宜栖息地。采煤沉陷湿地所处的环境变化剧烈，应加强对其环境和水鸟群落多层次多样性指数的监测，以便制定更有效的保护计划。

两淮采煤沉陷湿地单体面积小，抗干扰能力弱；人类活动频繁，干扰类型多样；作为人工水体养殖水产，养殖过程中的投饵、维护、捕捞等活动对水鸟产生直接干扰，投放的饵料和药品造成水体污染，进而对水鸟产生间接的影响。土壤存在不同程度的重金属污染、水体富营养化是两淮采煤沉陷湿地所面临的问题。

在自然湿地退化、丧失的背景下，人工湿地作为水鸟替代性或补偿性栖息地的重要意义已被广泛接受。淮北平原采煤沉陷湿地被视为人工湿地的一种类型。强烈的人为干扰对水鸟的生存产生极大的威胁，可能使这些新形成的湿地成为吸引水鸟的"生态陷阱"。尽管如此，还在持续扩大的两淮采煤沉陷湿地对水鸟仍具有十分重要的意义，尤其是对东亚－澳大利西亚候鸟迁徙路线上的水鸟而言。李春林教授等指出，如果这些特殊的人工湿地能得到较为妥善的管理，则可以为东亚－澳大利西亚候鸟迁徙路线上的长距离迁徙水鸟提供十分重要的补偿性栖息地，供其越冬、繁殖或在迁徙途中停歇。因此，李春林教授等还探讨了采煤沉陷湿地的法律地位。

　　这项研究是中国采矿工业遗迹自然恢复的点睛之笔，是水鸟保护生物学、恢复生态学的新内容。为群落学、湿地保护和鸟类多样性监测提供了新的内容，实现了鸟类群落分析与湿地景观研究的有机结合。我欣然命笔作序，谨此致贺。

蒋志刚

2022 年 12 月 16 日

记于北京中关村

 **前　言**

　　湿地被誉为"地球之肾"，是全球生物生产力最高的生态系统之一，具有保护生物多样性、净化水质、涵养水源、调节气候、固定二氧化碳等多种重要的生态系统功能。尽管湿地对人类的生存和可持续发展至关重要，但由于受到湿地围垦、过度开发、城市扩张和环境污染等多种因素的影响，全球湿地严重退化、丧失。据估计，自1900年以来，全球自然湿地已丧失50%以上，并呈继续退化、丧失的态势。由于湿地的退化和丧失，湿地生物多样性面临全球性危机。据《关于特别是作为水禽栖息地的国际重要湿地公约》（简称《拉姆萨尔公约》）估计，约1/4的湿地生物处于灭绝边缘。

　　水鸟是湿地生态系统不可或缺的组成部分，发挥着重要的生态系统功能。由于对湿地的依赖程度极高，对环境因子的变化非常敏感，水鸟也常被作为湿地环境变化的指示物种。湿地的退化、丧失在造成湿地生物多样性下降的同时，对水鸟的生存产生了巨大的威胁，这是全球水鸟种群下降的主要原因。据估计，全球约23%的水鸟种群呈下降趋势，19%的水鸟物种被《世界自然保护联盟濒危物种红色名录》（以下简称《IUCN红色名录》）列为受胁物种。由于自然湿地的持续退化和丧失，越来越多的水鸟被迫将人工湿地作为补偿性或替代性的栖息地。

　　在自然湿地不断丧失的同时，人工湿地不断增多，形成复杂的自然－人工湿地复合景观。尽管人工湿地在生物多样性保护中的地位还备受争议，但人工湿地已吸引了大量水鸟来此栖息，并孕育了十分丰富的湿地生物多样性，因此，越来越受到研究人员和管理部门的重视。我国的自然湿地与世界其他地区一样正以令人担忧的速度消失。在过去 50 年内，我国的自然湿地减少了约 1/3，导致全国范围的湿地生物多样性危机和至少 1/3 水鸟物种的种群下降。在自然湿地退化、丧失的同时，我国人工湿地的面积（不计水稻田的 $30 \times 10^4 km^2$）增加了近 6 倍，达到 $6.7 \times 10^4 km^2$。类型多样的人工湿地为多种湿地生物提供了栖息地，并与自然湿地在空间上镶嵌，深刻影响着湿地生物多样性的时空分布格局。研究人工湿地中生物群落的构建与多样性的维持机制，对于湿地生物多样性的保护与管理具有重要的理论与实践意义。

　　在众多类型的人工湿地中，采煤沉陷湿地是近 30 年内新形成的一种，并正处于快速发展中。中国是产煤大国，煤炭产量约为世界各国总量的 50% 左右。煤炭资源的开发在推动我国经济发展的同时，造成了严重的地质、环境问题，如地表沉陷、环境污染、耕地丧失等。其中，地面变形、下沉导致了地表景观的巨大变化。截至 2017 年年底，全国因采煤而形成的地表

沉陷面积达 $1.35 \times 10^4$ km$^2$，并以每年约 700 km$^2$ 的速度增加。华北平原是我国重要的煤炭基地，煤炭的大量开采形成了大面积的地表沉陷。由于华北平原位于高潜水位地区，雨量充沛，地下水水位较高，因采煤而沉陷的地表很快积水形成湿地。据估计，华北平原最终的采煤沉陷区将达 $3 \times 10^4$ km$^2$，其中，约有 2/3 的面积将形成湿地。

华北平原采煤沉陷导致的地表景观变化将促使陆生生态系统向湿地生态系统演变，地区生物群落将发生重大变化。由于该地区位于东亚－澳大利西亚候鸟迁徙路线上，在自然湿地退化的背景下，新形成的沉陷湿地可能为该迁徙路线上的水鸟提供替代性的迁徙停歇地、越冬地和繁殖地。同时，采煤沉陷湿地位于人口密集、采矿频繁的地区，强烈的人为干扰对水鸟的生存可能产生极大的威胁，很可能使这些新形成的湿地成为吸引水鸟的"生态陷阱"。然而，由于中国的自然保护缺乏对人工生态系统的关注，鲜有研究报道采煤沉陷湿地的生物多样性，对沉陷湿地水鸟群落的了解更是空白。

本书以两淮采煤沉陷湿地为主要研究区域，在多年系统的水鸟和环境因子调查、监测的基础上，系统论述水鸟对采煤沉陷湿地的利用模式、水鸟群落的物种多样性、群落动态、嵌套结构及其与环境因子的相互关系；结合功能多样性和谱系多样性探讨采煤沉陷湿地水鸟群落的构建和维持机制；在区域尺度上结合物种分类多样性和功能多样性分析采煤沉陷湿地水鸟群

落的 β 多样性，探讨不同沉陷湿地水鸟群落随环境因子的变化趋势。相关的研究不仅可以为采煤沉陷湿地生物多样性（特别是水鸟）的保护与管理提供第一手资料，而且可以为人类主导的生境中生物群落的构建及其维持机制的研究提供很好的模型与借鉴。在此基础上，本书将对采煤沉陷湿地中生物多样性的管理和保护提出相关建议。

限于作者水平，书中难免有错漏之处，敬请读者指正！

著　者

2023 年 10 月 12 日

# 目　录

# 第1章
# 引 言

## 1.1 鸟类群落及多样性研究

群落是指一定空间内所有生物的集合，包括各种植物、动物和微生物，它们共同利用该空间内的资源和条件，并且通过相互作用形成有机的整体[1]。群落生态学是生态学的一个重要分支，是了解有机体与环境相互作用的重要手段。鸟类种类丰富，活动性强，分布广泛，易于观察，是群落生态学研究的理想对象[2]。同时，鸟类在生态系统中处于较高的营养级，对环境因子的变化十分敏感，常被用来指示环境变化[3]。因此，鸟类群落及其多样性研究不仅对群落生态学的概念和理论框架的发展具有重要作用，同时，也是深入理解生物多样性与环境相互关系的重要途径。

鸟类群落生态学是鸟类生态学的一个重要分支，是在群落水平上理解鸟类如何与环境相互作用的重要手段，可以为鸟类的管理与保护提供科学依据[4]。早在20世纪50年代，国际上就开始了鸟类群落生态学的研究，研究内容主要包括以下几个方面。

### 1.1.1 群落物种组成及结构

鸟类群落是由多种鸟类的种群在一定空间范围内组成的集合体[4]。群落的结构包含其物种组成、丰富度、物种多样性、均匀度及其时空格局等方面。

对群落结构的分析是进一步理解群落构建、群落内物种间相互关系、群落演替及群落与环境因子相互关系的基础[5]。对鸟类群落物种组成与环境因子相互关系的研究发现，群落物种丰富度和多样性与环境异质性高度相关，生境越复杂，鸟类群落的物种越丰富，多样性越高[6]。在群落结构的研究中，存在显著的尺度效应，即在不同尺度上对鸟类群落研究的结果可能不一样。一般而言，鸟类对小尺度的生境因子非常敏感，因此，小尺度的样区最能反映鸟类的群落结构[7, 8]。

### 1.1.2　群落内物种的共存机制

物种共存机制是群落生态学的核心问题之一[9]。鸟类群落的物种组成并不是随机的，关于群落物种共存机制有许多假说，如生态位理论、环境筛选理论及中性理论等[10, 11]。这些假说从不同的角度解释物种共存于同一群落的机制，种间互作是这些理论的焦点。MacArthur 等认为，种间互作在群落构建过程中发挥着重要的作用，共存的物种并不是简单的随机组合，而是通过竞争形成相互作用的统一体[12]。Thomson 等基于候鸟和留鸟群落物种组成的对比分析发现，物种间的共存不仅受竞争的影响，而且受物种间吸引作用的影响[13]。

### 1.1.3　群落的集团结构和生态位

物种集团可以认为是群落的一个功能单位，是多个以生态位较为相似的物种组成的集合，这些物种以相似的方式利用同一空间中相似的资源[14]。依据物种利用资源的方式，每个群落可以有若干个不同的物种集团。集团的划分体现了群落的营养结构与功能，同时也反映了物种间的相互作用，有助于理解物种共存的机制以及物种利用资源的方式。在实际应用中，可以采用预划分法和后划分法对群落的集团进行划分。例如，周放依据取食方法、取食基层和高度，利用聚类分析和主分量分析对鼎湖山鸟类群落集团结构进行了划分，基于此对该群落内种间相互作用进行了探讨[15]。

### 1.1.4　群落结构与环境因子的关系

鸟类群落的形成离不开环境因子的作用，环境因子对群落的物种组成、多样性、集团结构等具有重要影响，鸟类群落结构与生境异质性密切相关。研究发现，森林鸟类群落受植被多样性、垂直及水平格局的显著影响，生境越复杂，鸟类多样性越高[16, 17]。生境质量是鸟类群落得以维持的基础，而生境退化和破碎化对鸟类群落产生了负面影响，造成很多鸟类种群数量的下降[18, 19]。生境破碎化对不同鸟类的影响有所差异，对偏好边缘生境的鸟类影响不大，而对偏好连续生境的鸟类影响较大。

### 1.1.5　群落动态及其演替

对群落动态及其演替的研究包括群落在时间上的变化及其原因分析。以往的研究多注重群落在季节间和年际间的变化，鸟类群落的季节变化主要是由于鸟类的迁徙习性造成的，而其年际间的变化可能是由多种因素造成的[20, 21]。景观结构的变化，特别是由于人类活动引起的地表景观格局的变化，在多种尺度上影响鸟类的群落动态；食物资源的时空动态也是鸟类群落动态的一个重要因素；此外，气候因素与物种间相互作用等也可以对鸟类群落动态产生影响[22]。植被是鸟类栖息的重要环境，鸟类群落的演替多随着植物群落的演替而进行，植物群落演替导致植被的时空变化，栖息于其中的鸟类群落结构及物种多样性也会发生相应的变化[23, 24]。在群落动态变化的研究中，时间尺度的选择非常重要，在不同尺度上得到的结论可能并不相同[25]。

### 1.1.6　人类活动对鸟类群落的影响

人类活动对鸟类的影响体现在多个方面。总体而言，一方面，人类活动可以直接导致鸟类种群的下降，体现为对鸟类的捕杀、人为活动和设施对鸟类造成直接的伤害、环境污染增加鸟类的死亡率等[26, 27]。另一方面，人类活动也可能造成鸟类栖息地的退化与丧失、改变鸟类与其他物种和环境的相互关系、引发全球气候变化等，从而构成对鸟类分布和物种多样性的间接影响[28, 29]。人类活动因干扰类型和强度的不同而对鸟类产生不同的影响，鸟类对人为干扰的响应也因物种而异[30, 31]。

中国鸟类生态学的研究起步较晚，尽管近20年来取得了较大的进步，但与国际上仍有较大的差距[32, 33]。一般认为，我国鸟类生态学的研究可以分为

3 个阶段[33]。第一阶段从 20 世纪 30 年代到 50 年代，是我国鸟类生态学的萌芽阶段，主要代表是郑作新采用常规观察的手段，在福建邵武开展的鸟类群落物种组成及其季节动态方面的研究。第二阶段从 20 世纪 60 年代至 70 年代末，是我国鸟类生态学的成长期。鸟类生态学的研究由定性研究发展到定量研究，开始用数理统计的方法揭示群落的生态分布及动态特征等。第三阶段是 20 世纪 80 年代以来的发展期。1980 年，"中国鸟类学会"的成立标志着我国鸟类生态学的研究进入了一个新的历史时期。在这一时期，现代生态学理念与先进的技术手段相结合，使我国鸟类生态学的研究进入了蓬勃发展的时期。鸟类生态学的研究开始使用航空调查技术、"3S"（地理信息系统，GIS；全球定位系统，GPS；遥感，RS）技术以及分子生物学的技术等对鸟类群落的综合特征、功能结构等开展研究。

我国鸟类群落生态学的研究开始于 20 世纪 70 年代。早期主要侧重于对鸟类群落的物种组成、多样性指数的计算和分析、群落结构的空间格局及其影响因子分析等。20 世纪 80 年代以来，我国鸟类群落生态学得到了较快的发展，主要集中在鸟类群落的组成及结构、季节动态、鸟类群落与栖息生境关系等[2, 33]。进入 21 世纪后，我国鸟类群落生态学的研究不断深入，大多从时空尺度，量化群落结构与多维度多样性指数，从而探讨群落动态的机制及群落的构建过程[34, 35]。

## 1.2　水鸟与环境因子的关系

水鸟是湿地生态系统不可或缺的组成部分，发挥着重要的生态系统功能[36]。由于对湿地的依赖程度极高，对环境因子的变化非常敏感，水鸟也常被作为湿地环境变化的指示物种。根据《拉姆萨尔公约》的定义，水鸟系指在生态学上依赖于湿地的鸟类[37]。湿地为水鸟提供必需的栖息环境，水鸟对湿地的利用与湿地环境息息相关，湿地环境的变化将对水鸟种群、群落结构产生重要影响。水鸟对湿地的利用受多种环境因子的影响，如湿地面积、水深、水位波动、可获取食物量、水生植被、生境异质性及景观连通性等[38]。研究水鸟与环境因子之间的关系，是制定相关保护措施的前提。

### 1.2.1 湿地大小与形状

由于湿地可以为水鸟提供所需的资源，而湿地的大小通常与其所提供的资源量呈正相关关系，因此，湿地的大小通常与水鸟群落的物种多样性和个体数紧密相关，这在很多研究中都有所发现[39, 40]。通常来说，湿地面积越大，其生境异质性也可能越高，即可为更多种类的水鸟提供不同的生态位，从而使其共存于同一湿地[41]。湿地面积的大小也与水鸟抗干扰的能力有关。在较小的湿地中，水鸟离湿地的边界距离较近，可能会受到更强烈的干扰；而在较大的湿地中，水鸟可以远离湿地边界活动，从而降低了受干扰的程度[40]。不同的水鸟对湿地面积大小的需求不同。一些种类对湿地大小很敏感，只能生活于较大的湿地中，如雁鸭类；而另一些种类则对湿地大小不敏感，在不同大小的湿地均能很好地生存，如秧鸡类[41]。较大的湿地中既有对面积敏感的种类，也有对面积不敏感的种类，而随着湿地面积的减小，最先消失的水鸟是那些对湿地大小比较敏感的种类。这样的过程则可使这些湿地中的水鸟集合群落呈嵌套结构[42]。除湿地面积对水鸟产生影响外，湿地的形状也会对水鸟产生很大影响[43]。在面积大小相似的湿地中，狭长的形状使水鸟更接近湿地的边缘，所受干扰较大，也可能会增加一些种类起降的难度。有学者提出各种形状指数，用于分析湿地形状对水鸟群落的影响[44, 45]。

### 1.2.2 水深及水位变化

水深是湿地环境的一个基本指标，对湿地生物的影响广泛而深远。水深与水鸟的关系历来受到关注，相关的研究也很深入、全面，对指导水鸟栖息地的恢复与保护具有十分重要的意义[46, 47]。水深对水鸟的影响可体现在水深直接决定了水鸟对食物的获取。不同的水鸟在觅食时，对水深的要求有所差异，这与其形态结构和生态习性有密切的关系[48, 49]。例如，雁类通常在岸边暴露的草滩觅食，而在水面休憩；涉禽通常在泥滩或浅水区域觅食，其腿、颈及喙的长短又决定其可觅食的最深区域；游禽及潜水捕食的鸟类可以在更深的区域觅食，甚至对最低水深有所要求（图 1-1）[50]。

水面

图 1-1    不同类群水鸟对水深要求的示意图

水深通过对水鸟个体觅食及其他重要行为的影响，从而影响到湿地水鸟组成及多样性。若湿地的水深多样化，则可以为多种类型的水鸟提供所需的栖息[38, 51]。为了研究水深对水鸟群落结构及物种多样性的影响，很多研究将湿地的平均水深作为一个影响因子，分析其与水鸟群落的关系[52, 53]。平均水深固然是一个重要的环境因子，但它却不能包括湿地水深的全部信息。与平均水深、最大水深相比，水深的空间分布与异质性对水鸟群落的影响更为显著，但却很少有这方面的相关研究，这主要可能是由于水深空间格局的量化有较大的难度所致。

湿地的水深并不是固定不变的，其变化规律对水鸟的影响也受到强烈关注，特别是在水位具有季节性变化的湿地中。因水深与水鸟栖息地的利用密切相关，水位的变化则对水鸟栖息地质量存在显著的影响[54, 55]。长期以来，水鸟的生活史及物候特征与湿地水位规律性（如季节性）的变化相适应，使其能更好在湿地中生存。若湿地水位变化的规律被打破，如受人为控制而改变，将对水鸟群落产生重大影响[56, 57]。

### 1.2.3    水生植被

在自然湿地中，水生植被一般由挺水植物、沉水植物、浮叶植物与漂浮植物构成（图 1-2）。水生植被不仅为植食性水鸟提供食物，如种子、叶片、根茎、休眠芽等，也可以为水鸟提供巢址和隐蔽场所等。水生植被对水鸟的影响也因季节和水鸟类群而异。在繁殖季节，浮叶植物和挺水植物可以为很多水鸟提供营巢场所，如黑水鸡（*Gallinula chloropus*）、水雉（*Hydrophasianus chirurgus*）、绿

图 1-2　水生植物的生态类型

注：（a）挺水植物，（b）沉水植物，（c）浮叶植物，（d）漂浮植物。

头鸭（*Anas platyrhynchos*）和黄斑苇鳽（*Ixobrychus sinensis*）等，从而有助于提高其繁殖成功率[58, 59]。茂密的挺水植被也可以为胆小的水鸟（如秧鸡类）提供良好的隐蔽条件，使其受干扰的程度大幅降低[60]。

已有很多研究表明，挺水植物的丰度与水鸟物种多样性和个体数量呈正相关关系，特别是在繁殖季节，此时水鸟对栖息地的要求更高，对干扰的反应更敏感[61, 62]。也有不少研究发现，沉水植被的退化直接或间接地导致了水鸟种群的下降。例如，在长江中下游的很多通江湖泊中，苦草等沉水植物的休眠芽是鹤类及鸿雁（*Anser cygnoid*）的主要食物，沉水植被的丧失导致鹤类及鸿雁种群数量的下降[63, 64]。过高的水生植被覆盖度也可能对某些类群水鸟的觅食、运动等产生负面影响。例如，大多数鸻鹬类水鸟偏好于在开阔的泥滩及浅水区域觅食，过多的水草也对鹭类的捕食产生影响[56, 65]。

### 1.2.4 食物资源

水鸟的新陈代谢十分旺盛，需要大量的能量，而食物资源是水鸟维持正常生命活动的能量来源，水鸟每天会花费相当比例的时间用于觅食，以保证充足的能量供给[36, 64]。由于不同类群的水鸟具有不同的生态习性，对食物资源的利用也存在显著的差异。例如，多数雁鸭类和一些鹤类喜食植物种子和叶片，天鹅和鸿雁喜食根茎，小型涉禽喜食无脊椎动物，而大型涉禽和潜水性水鸟喜食鱼类等脊椎动物[66, 67]。在健康的自然湿地生态系统中，各种类型的食物资源均有分布，可满足不同类群的水鸟所需，水鸟群落的物种多样性也因此较高[68]。食物资源的可获得性也是影响水鸟取食的重要因素，这与水位等外部因素及水鸟体形（如腿长、颈长及喙长等）等内部因素有关[69]。此外，湿地中的食物资源存在显著的时空差异，从而对水鸟的时空分布格局产生直接影响[70, 71]。

研究水鸟的食物偏好和组成、量化湿地中食物资源的多寡，是研究湿地水鸟生态承载力的基本前提[72]。尽管在水鸟食性方面的研究中提出了很多方法，如直接观察法、嗉囊胃容物分析法、粪便显微分析法、饲喂法及同位互追踪法等[73-75]，但想要准确了解某种水鸟的食物偏好和组成并非易事，对于自然状态下的野生水鸟而言，难度更大。此外，水鸟的食性也会随季节和栖息地的改变而发生改变，这也极大地增加了研究水鸟食性的难度[38]。在了解了水鸟的食物组成后，才能有针对性地对其食物资源分布进行实地调查，其工作强度与空间尺度通常呈正相关关系。因此，在较大尺度上，测算湿地对水鸟的生态承载力，工作难度和强度都较大[76]。近些年来，得益于空间技术（如遥感技术）的发展，使得在较大尺度上开展水鸟与食物资源空间分布关系的研究成为可能，但其准确性仍有待于进一步提高[77, 78]。

### 1.2.5 人为干扰

人为干扰的类型有很多，如娱乐活动（钓鱼、捕猎、游泳等），交通（包括水上交通和陆上交通），工程建设（水利工程、围湖造田、基础设施建设等）及水产养殖等，其强度、时间、频率和持续时间有所差异[79]。人为干扰可以对水鸟的生理及行为产生一系列的负面影响，如加快心率、增加应激激素的浓度、提高警惕或使之逃跑[80]。在人为干扰强烈的地方，水鸟的觅食行为和反捕食策略也会受到直接的影响[64]。在繁殖季节，人为干扰还可能扰乱水鸟的繁殖行为，降低其繁殖成功率[81]。人为干扰对水鸟所产生的直接与间接影响最终反映在水鸟种群及群落水平上，如种群大小、年龄结构、群落物种组成及多样性等方面[71, 82]。人为干扰对水鸟群落的影响也不全是负面的，而且，人为干扰对水鸟个体、种群、群落的影响也会受到其他环境因子的作用[83]。在人类活动越来越深刻地改变自然湿地的背景下，对人为干扰开展密切的监测，研究其对水鸟种群、群落的影响机制，可以为制定有效的保护和管理措施提供科学依据。

### 1.2.6 景观连接度

景观连接度是指在景观斑块及配置对动物在栖息地斑块之间移动的促进或阻碍程度，或栖息地斑块间的功能关系[84, 85]。良好的景观连接，对水鸟完成生活史、提高适合度具有十分重要的意义。对于大多数水鸟而言，单一的湿地很难满足其生活史中全部的生态需求，如觅食、营巢、迁徙停歇等。从景观尺度来说，一个湿地中水鸟的行为及群落物种多样性会受到周围其他湿地的影响，尽管一些水鸟种类在不同空间尺度上表现出对某个湿地的依赖，但它们在寻找栖息地时，通常会在景观尺度上游荡以比较并决定适宜栖息地[86]。由于景观连接度包含了动物对景观格局的响应，所以，对于不同物种而言，因其运动能力有所差异，在同样的景观，其景观连接度也会因种而异[87]。一般而言，具有迁徙习性的水鸟对湿地间的景观连接要求更高，以保证其完成长距离的迁徙。因此，为了保护迁徙水鸟，通常需要在其迁徙路线上，保留足够多的适宜湿地供其利用[88]。

### 1.2.7 其他因子

除以上介绍的各种环境因子外，还有很多因子对水鸟的行为、种群、群落产生影响，如湿地的形成时间、地形、水体盐度及与水质相关的一些指标（透明度、水温、溶解氧、pH 等）。一般而言，湿地形成越久远，水鸟对其利用开始的越早，特别是在形成时间较短的人工湿地[44]。湿地的地形与水深的空间分布紧密相关，复杂的地形可能会产生多样的水深条件，从而为更丰富的水鸟物种提供不同的生态位[89]。水体的盐度和水质不仅对水鸟生理、行为产生直接的影响，而且还会通过影响其他水生生物的分布间接对水鸟产生影响，从而使水鸟的群落结构因湿地水体盐度的不同而有所差异[55, 82]。

## 1.3　群落嵌套结构

生物群落的时空分布是异质的，群落的嵌套结构可以用来量化地区生物多样性的层次结构，因而越来越受到重视[90]。当物种多样性较低区域（或群落）的物种组成是物种多样性较高区域（或群落）物种组成的子集时，即认为存在群落间的嵌套（图1-3）[91]。群落的嵌套结构在从细菌到哺乳动物的很多生物类群中均有发现[90, 92-95]。研究集合群落的嵌套结构，揭示其影响因子的作用机制，有助于更深入地理解生物多样性的维持机制，并为其保护和管理提供科学依据[96]。

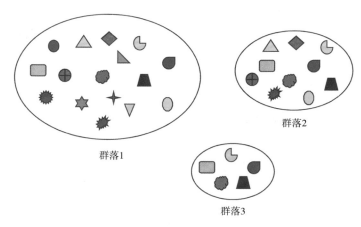

群落1

群落2

群落3

图1-3　生物群落嵌套结构示意图

注：图中每个不同形状代表1个物种。

解释群落嵌套结构形成的假说主要有4个：选择性灭绝、选择性定居、生境嵌套和被动采样[97]。选择性灭绝假说认为，栖息地面积可能是群落物种减少的主要驱动力。这是因为需要较大生境面积的物种具有更大的灭绝可能性，尤其是在破碎化的生境中，结果导致了可预测的物种灭绝次序，并与生境面积大小相关[92]。选择性定居也可以导致群落间的嵌套，这主要是因为具有较强扩散能力的物种能占据更多的生境[98]。生境嵌套假说将群落间的嵌套归因于生境的嵌套，即大群落生境包括小群落生境的环境要素[99]。被动采样假说指出，群落的嵌套结构也可能是由于采样导致的，因为在特定生境中，常见物种比稀有物种更容易被调查到[100]。由于被动采样不含有任何生态意义，所以，研究人员建议在进行嵌套结构形成机理分析前应先进行此假说的检验[92]。

在分析不同生态学过程对集合群落嵌套结构形成的贡献时，物种生活史特征也可以提供十分有用的信息[94, 101]。例如，扩散能力是群落嵌套形成的一个主要驱动力，因此，与物种扩散能力相关的功能特征可以塑造集合群落的结构[102]。相反，如果选择性灭绝是群落嵌套结构形成的主要原因，那么，与物种灭绝概率相关的生活史特征在嵌套结构形成过程中发挥主要作用[94, 101]。尽管物种生活史特征与环境因子之间存在广泛的相关关系，但很少有研究将二者联系起来，同时检验二者对群落嵌套结构形成的贡献[103]。

生物群落的嵌套结构可以在绝大多数片段化的生境中发现，包括森林斑块和湿地等[104, 105]。像其他岛屿状生境一样，湿地网络片段化地镶嵌在陆地生态系统中，它们就像岛屿一样为很多依赖湿地的物种提供栖息地，也为生物群落的研究提供了十分有意思的研究模型[95, 106-108]。水鸟是湿地生态系统的重要组成部分，对环境变化十分敏感，是生物多样性保护的重要类群。已有研究表明，自然湿地的水鸟群落呈现嵌套结构[104, 109]。由于全球范围内自然湿地的退化丧失，大量水鸟被人工湿地吸引。人工湿地中的水鸟已成为保护和管理的重要内容[110, 111]。对人工湿地中水鸟群落的嵌套结构及其驱动因子进行深入研究，可以为人为干扰强烈的人工湿地中水鸟及其栖息地的保护和管理提供科学依据。

## 1.4 群落构建机制

生物群落的构建是指不同物种通过一系列的过程组合在一起形成群落的过程，群落构建机制是生态学的一个最基本问题[112]。研究群落的构建过程，有助于理解生物多样性的形成与维持，在全球变化的背景下，对于生物多样性的管理和保护具有重要意义。目前，解释生物群落构建机制的假说主要有两个：生态位理论和中性理论[113-115]。

Diamond 于 1975 年首次正式提出有关群落构建的生态位理论[116]，之后 Keddy[117]、Diaz[118] 及 Weiher[119] 等人均对该理论的发展做出重要贡献。生态位理论认为，局域尺度上生物群落的物种组成，是区域物种库中的物种经过环境筛选、种间互作等一系列生态学过程后共存于给定的空间范围内的（图 1-4）[120, 121]。区域物种库由大尺度物种演化、灭绝和扩散等过程形成，是局域生物群落形成的物种来源。在一定空间中，各种环境因子就像多个嵌套的筛子，对迁移至此的物种进行筛选，能够适应此地环境的物种共存于此，形成一个生物群落。这一过程被称为"环境筛选"，此过程使共存于同一群落的物种具有相似的特征，能适应同样的环境[122]。与此相反，在经历了环境筛选后，物种之间还会存在复杂的相互作用，特别是在资源有限的条件下，种间会发生强烈的竞争排斥，从而使生态位相似的物种遭到淘汰。这一过程被称为"相似性限制"，此过程使共存于同一群落的物种具有相异的特征，从而避免激烈的种间竞争[115, 122]。环境筛选和相似性限制是群落构建过程中的两个相反的驱动力，通过这两个过程的共同

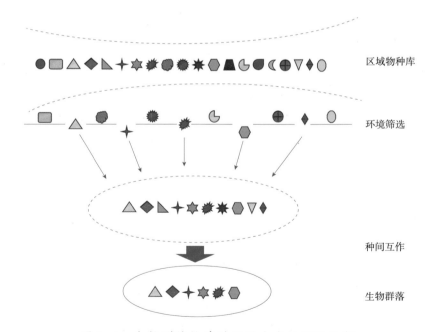

图 1-4　生物群落构建过程的生态位理论构架

注：图中每个不同形状代表 1 个物种。

作用，最终形成一个相对稳定的生物群落[123]。在生物群落的形成过程中，这两种作用力可能都会存在，并不矛盾，但二者对群落形成的相对贡献可能存在差异。

中性理论认为，群落的构建实际上是在随机作用下生物个体随机的生态漂变过程[124]。中性理论有两个基本假设：①群落内同一营养级的所有物种在生态上是等价的；②群落动态是一个随机的零和过程，个体的死亡或迁出后会伴随着另一个随机个体的出现以补充其空缺。中性理论基于扩散限制和个体随机漂变的生物学机理，可以看作是分子进化中性理论在宏观上的推广[125]。中性理论与岛屿生物地理学理论有相似的理论基础，不仅否认了生态位分化在群落构建中的重要作用，还否认了群落结构存在动态平衡，从而对群落构建的生态位理论提出了重大挑战。但由于中性理论假定物种在生态上是等价的，这与事实不符，从而使中性理论饱受质疑[126]。

在生物群落构建理论的发展过程中，除传统的基于分类学的群落物种多样性指数外，还提出了多层面生物多样性指数，如功能多样性和谱系多样性，旨在从不同层面量化群落结构和多样性[122, 127, 128]。当用分类学多样性指数测度群落物种多样性时，群落内的每个物种被认为在生态上是等价的，即物种之间的距离相等。然而，这与事实相违背。例如，鸭彼此之间的距离与鸭和鸡之间的距离并不相等，在生态学上，鸭彼此之间更相近，而鸭与鸡之间的距离更远。这在系统发生关系上也是如此。因此，仅用分类学上的物种多样性指数测度群落的多样性时，没有考虑到群落内物种的生态系统功能和谱系关系，对群落结构的测度就不全面[129, 130]。与分类学上的物种多样性不同，功能多样性和谱系多样性分别考虑了不同物种的功能特征和进化历史，从而有助于更好地理解生物群落构建的过程。功能多样性测度的是与物种发挥的生态功能相关的特征多样化程度，因此，该指数有助于揭示物种沿环境因子梯度的共存规律[122, 131]。谱系多样性测度的是群落内物种在进化方面的差异性[132]，在生态过程与长时间尺度的进化事件之间架起了桥梁[133]。功能多样性与谱系多样性互为补充，与分类学的物种多样性一起，可以更全面地了解生物群落的构建过程[134]。

有关群落构建过程的研究已在多个生物类群（从细菌到高等动植物）中开展，并取得了令人瞩目的成就，加深了对生物群落构建机制的理解。但生物群落的构建过程十分复杂，其机制尚存在很多争议[134-136]。以往的研究多集中于扩散能力较弱的生物类群，如植物群落和运动能力较弱的动物类群[137]，而对运动能力较强的动物类群鲜有研究，如水鸟等具有很强的迁移、扩散能力，其群落构建过程可能有别于运动能力较弱的类群[36, 138]。水鸟是湿地生态系统的重要组成部分，发挥着重要的生态系统功能，如养分循环、种子传播、病原体散布等[36, 138]。同时，水鸟严重依赖于湿地环境，对环境变化十分敏感，常被视为湿地环境变化的生态指示种，湿地环境的变化将迅速引起水鸟种群、群落水平的响应[36]。因此，水鸟群落可作为研究生物群落构建机制及环境变化效应的理想类群。

以往有关水鸟群落的研究多集中在自然生态系统中，而在全球自然湿地退化、丧失的背景下[139, 140]，水鸟越来越多地利用人工湿地，如水产养殖场、晒盐池、水稻田和库塘等[110, 141, 142]。在自然 – 人工湿地复合景观中，揭示水鸟群落多样性格局及其驱动机制是实施有效的管理和保护措施的前提[143, 144]。在全球自然湿地全面退化、丧失的背景下，研究水鸟群落多维度多样性格局及其驱动因子，有助于从本质上揭示自然 – 人工湿地复合景观中水鸟群落构建和维持的主要过程，从而为其管理和保护提供科学依据，也可以为研究人工生境中生物群落的构建机制提供新的思路[145, 146]。

## 1.5　β 多样性

生物群落和生物多样性的时空分布格局，是生态学研究和生物多样性保护的一个基本问题[38, 147]。生物多样性的研究尺度小到一个样方、池塘，大到一个流域、地区，其研究结果往往也与尺度密切相关。为了在不同尺度上测度生物多样性，研究人员提出了各种不同的生物多样性指数，如局域尺度的 α 多样性、区域尺度的 γ 多样性[148, 149]。为了研究生物多样性沿环境因子梯度的变化规律，Whittaker 于 1960 年首次提出了 β 多样性指数，并在 α 多样性和 γ 多样性之间建立了关联[150, 151]。

生物群落的 β 多样性格局主要由两个生态学过程形成，即周转与嵌套[152, 153]。周转主要归因于物种在群落间的替换，在此过程中，环境筛选作用和物种的扩散能力影响很大；嵌套结构的形成主要归因于群落间物种的得失，从而使较大群落涵盖了较小群落的物种组成[153]。测度生物群落的 β 多样性并对其进行分解，有助于检验与生物多样性空间分布和群落构建过程相关的机理，从而为生物多样性的管理和保护提供科学依据[96, 154]。

由传统的基于分类学物种多样性研究可知，周转和嵌套可能同时影响 β 多样性格局，但其贡献有所不同。有研究表明，在大多数的生物类群及生态系统中，生物群落的 β 多样性格局主要归因于物种周转，因此，环境筛选和物种扩散对形成 β 多样性格局具有重要影响[152, 155, 156]。相比之下，嵌套对 β 多样性格局的贡献较小，主要在一些历史因素或严酷的环境造成局域或区域物种灭绝的生物群落中占主导地位[157, 158]。

近年来，伴随着功能多样性指数的发展，对 β 多样性的测度也由传统的基于分类学指标发展到基于生态功能的功能多样性指标，以期揭示群落物种生态功能在空间和时间上沿环境因子梯度的分布和变化规律[34, 159]。与 α 分类多样性相似，在计算 β 分类多样性时，不同的物种被认为在生态上是等值的，即物种与物种之间的距离相等。在此假设下计算的 β 多样性指数忽略了物种间在生态功能上的差异，从而不能全面地揭示生物群落沿环境因子梯度变化的原因[160]。为了从根本上探究生物群落的构建过程及如何响应环境因子的时空变化，在测度群落的 β 多样性时，有必要将物种的生态功能考虑进来，从而量化生物群落在生态和进化时间尺度上如何响应环境因子的变化[161]。

与 β 分类多样性类似，β 功能多样性测度的是群落间在物种生态功能方面的差异性，将其与环境因子的时空变化联系起来，即可分析生物群落在生态功能上如何受环境变化的影响[134, 162]。类似的，β 功能多样性也可分解为周转和嵌套两个组分，前者测度群落的生态功能在群落间的替换程度，后者测度群落生态功能的嵌套格局。生态功能的周转往往是群落间物种的替换造成的，生态功能的嵌套结构也与物种组成的嵌套紧密相关[159, 163]。但由于不同的物种所发挥的生态功能有所差异，物种间在生态上的距离也有所不同，因此，物种周转与嵌套的规律并不一定与生态功能的周转与嵌套相同。因此，在研究生物多样性沿环境因子梯度的时空变化规律时，有必要从多层面（如分类、功能、谱系等）量化生物群落的 β 多样性，特别是 β 功能多样性，并对其组分进行比较分析，从而有助于从多个层面揭示生物群落间差异的本质[34, 159]。

## 1.6　水鸟对人工湿地的利用

湿地被誉为地球之肾，是全球生物生产力最高的生态系统之一，具有保护生物多样性、净化水质、涵养水源、调节气候、固定二氧化碳等多种重要的生态系统功能[164-166]。尽管湿地对人类的生存和可持续发展至关重要，但由于受到湿地围垦、过度开发、城市扩张和环境污染等多种因素的影响，全球湿地严重退化、丧失。据估计，自 1900 年以来，全球自然湿地已丧失 50% 以上，并呈继续退化、丧失的态势[167, 168]。由于湿地的退化和丧失，湿地生物多样性面临全球性危机，据《拉姆萨尔公约》估计，约 1/4 的湿地生物处于灭绝边缘[169]。

水鸟对湿地的依赖性很强，并对环境变化十分敏感，自然湿地的丧失与退化导致了很多水鸟种群的下降，并迫使水鸟转向人工湿地以满足其生态需求[170, 171]。随着自然湿地的持续退化、丧失，以及水鸟越来越多地转向人工湿地，人工湿地中水鸟的管理和保护逐渐成为关注的热点问题，对其开展深入的研究，有助于相关管理与保护计划的制定。

人工湿地是指由人类建成或强烈改造的湿地，包括灌溉土地、养殖池塘、库塘等[169]。人工湿地在很多方面具有和自然湿地相似的特征和功能，尽管不能完全代替自然湿地，但可以为很多湿地生物提供替代性或补偿性的栖息地，从而在一定程度上减轻自然湿地退化、丧失的负面影响[172, 173]。在自然湿地不断丧失的同时，人工湿地不断增多，其保护生物多样性的功能逐渐被看重，甚至被认为可以替代自然湿地[174]。很多研究表明，在全球范围内，尤其是在自然湿地大量退化的地区，水稻田、养殖塘等人工湿地已成为水鸟越冬期或繁殖期重要的觅食地，并可以维持较高的物种多样性[44, 175-177]。然而，尽管人工湿地吸引了大量的水鸟，物种多样性也较高，但由于人工湿地环境的同质性，水鸟群落的物种组成可能存在严重的趋同性，发挥的生态系统功能也可能较为单一[172, 178]。此外，不同物种的生态需求不同，对环境压力的响应也有所差异，面对人工湿地中频繁的人为干扰和剧烈的环境变化，水鸟对人工湿地的利用模式存在种间差异[38, 179]。尽管人工湿地在水鸟保护中的地位还备受争议，但大量水鸟已开始利用人工湿地，水鸟在人工湿地中的生存已成为保护和管理的重要议题[177, 179]。近年来，有关水鸟对人工湿地的利用模式及其群落物种多样性格局逐渐成为研究热点，但与自然湿地相比，人工湿地对水鸟的生态及进化意义仍在激烈的争论之中，不同类型人工湿地之间的差异也缺乏相关研究。

目前，我国的自然湿地与世界其他地区一样正以令人担忧的速度消失[180, 181]。据第二次全国湿地资源调查（2009—2013 年），我国湿地面积约为 $53.6 \times 10^4 \ km^2$，占国土面积的 5.58%，约为全球湿地总面积的 10%，这些湿地孕育了 4200 种湿地植物和 2312 种脊椎动物（其中包括 231 种水鸟），发挥了不可替代的生态系统功能[182]。然而，在过去 50 年内，我国的自然湿地减少了约 1/3，湿地丧失的主要原因是转变为农业和城镇用地[183, 184]，结果导致全国范围的湿地生物多样性危机和至少 1/3 水鸟物种的种群下降[185, 186]。为了应对湿地退化和丧失，我国自 2000 年起采取了一系列湿地保护和恢复的措施，并取得了一定的成效，但总体而言，湿地丧失和生物多样性的下降并没有得到根本的遏止，我国湿地仍以每年 1% 的速度丧失[180, 181, 187]。在自然湿地退化、丧失的同时，我国人工湿地的面积（不计水稻田的 $30 \times 10^4 \ km^2$）增加了近 6 倍，达到 $6.7 \times 10^4 \ km^2$[180, 188]。类型多样的人工湿地为多种湿地生物提供了栖息地，并与自然湿地在空间上镶嵌，形成了复杂的自然 – 人工湿地复合景观，深刻影响着水鸟物种多样性的时空分布格局。

尽管我国人工湿地类型多样，面积广阔，并呈增长态势，这些人工湿地可能拥有十分丰富的湿地生物，对保护生物多样性具有十分重要的作用，然而，目前对这些人工湿地中生物多样性的研究十分缺乏[189]。与世界其他国家和地区类似，中国的人工湿地也吸引了大量的水鸟来此栖息[171, 190]。对人工湿地中水鸟的行为、种群和群落动态进行深入研究，是制定相关管理和保护计划的前提。

# 第2章
# 两淮采煤沉陷湿地概况

## 2.1 地理位置和范围

两淮矿区位于华北平原南部、安徽省中北部的皖北平原（图 2-1；附图 I，32°44′–33°44′ N，116°02′–117°31′ E），分布范围达 $1.8 \times 10^4\ km^2$。在行政区域上主要包括安徽省淮北市、濉溪县、宿州市埇桥区、砀山县、亳州市涡阳县、蒙城县、淮南市潘集区、凤台县和阜阳市颍上县。

根据《拉姆萨尔公约》的定义，湿地包括三类：①天然或人工的、长久或暂时的沼泽地、荒原、泥炭地或水域地带；②带有淡水、半咸水、咸水的静水或流动水；③邻接湿地的河湖沿岸、沿海区域以及湿地范围内的岛域和低潮时水深不超过 6m 的区域[37, 169]。因此，两淮矿区的采煤沉陷积水区应属于湿地，且为人工湿地，以下称为采煤沉陷湿地。

本研究在两淮矿区随机选择 55 个采煤沉陷湿地作为研究样地，即水鸟群落及环境因子的监测样地。其中，淮南矿区 34 个，淮北矿区 21 个（图 2-2）。

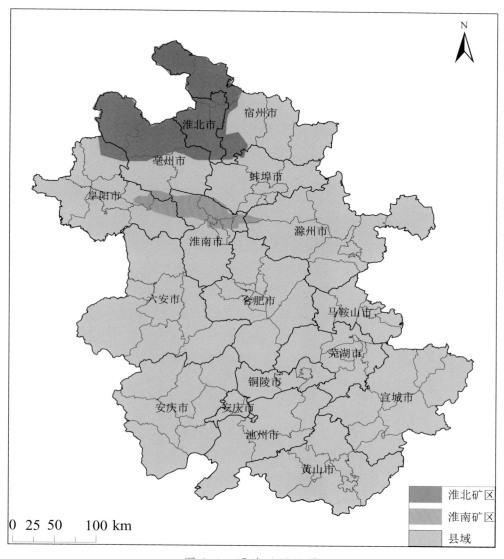

图 2-1　两淮矿区位置

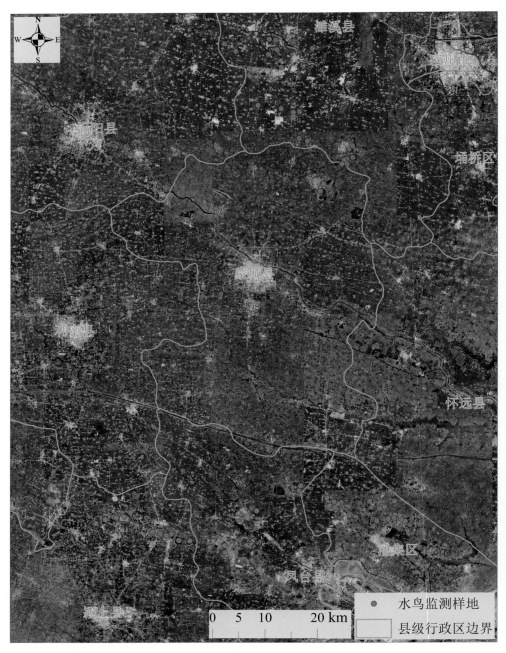

图 2-2　两淮采煤沉陷湿地水鸟群落监测样地

## 2.2 自然环境概况

### 2.2.1 气候

两淮矿区所属的皖北地区属于暖温带半湿润季风气候，地处南北气候过渡带，具有明显的过渡性气候特征，四季分明，春夏季风从海洋吹向大陆，盛行东南风，气候温暖而湿润；秋冬季风从大陆吹向海洋，盛行西北风，气候寒冷而干燥[191]。

该区多年平均降水自南至北由 1100 mm 递减为 800 mm，多年平均降水量为 860 mm，降水年际变化大，年内分配不均，最大年降水是最小年降水的 2.5 倍，多年平均汛期（6~9 月）降水量占年降水总量的 62.0%，多年平均蒸发量为 1038 mm，多年平均干旱指数为 1.21[192]。

该区多年平均气温为 14.6℃，自南向北递减，年际间变化不大。多年平均日照时数为 2200~2425 小时，无霜期为 195~217 天。全区平均地温为 16℃ ~18℃，且年、月平均地温高于平均气温，多年平均风速为 3.0 m/s。多年平均相对湿度为 73%，由南向北逐渐减少，相对湿度年内变化的特点是一年中有明显的低点和高点，5~6 月最小，平均为 65%，7~8 月最大，平均为 80%。

### 2.2.2 地形地貌

根据地貌形态特征，两淮矿区所处的皖北平原区可划分为淮河以北的平原和淮河以南的江淮波状平原两个一级地貌单元（图 2-3）。皖北平原主要由黄河、淮河历次泛滥堆积作用形成，除东北部有零散残丘与低山分布外，其余均为第四纪松散沉积物覆盖，呈现典型的堆积性地貌景观[193]。区域地势由西北向东南倾斜，坡度甚缓，自然坡降 1/7500~1/10000，海拔高度为 15~50 m。淮河以南为江淮波状平原，由较薄的第四系组成，零星分布有丘陵，海拔高度为 20~100 m。

### 2.2.3 河流水系

两淮矿区所属的皖北平原内河流均属淮河水系[194]，各自流自西北向东南注入淮河和洪泽湖（图 2-4）。淮北矿区范围内的主要河流有濉河、新汴河、沱河、浍河、澥河和涡河，其中，濉河、新汴河、沱河、浍河、澥河属于洪泽湖水系，

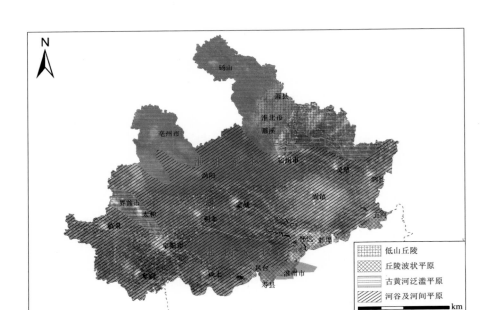

图 2-3 两淮矿区地貌分区

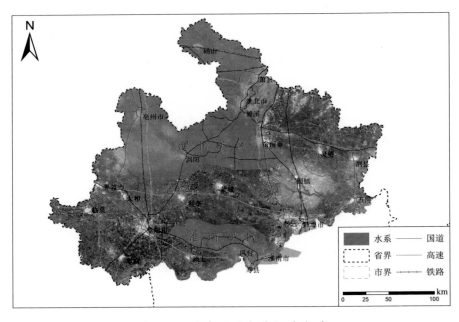

图 2-4 两淮矿区主要河流水系

涡河属淮河水系。淮河是淮南矿区的主要地表水系，是我国五大水系之一，发源于河南省的桐柏山，流经河南省、安徽省、江苏省和山东省[195]。淮河是淮南市工业及农业生产与人民基础生活的主要水源，淮南境内的支流主要有：东淝河、济河、岗河、架河、茨淮新河、永幸河、窑河；早期为治理淮河而开源截流，从而使得淮河沿岸的低洼区形成了焦岗湖、瓦埠湖、戴家湖、花家湖、钱家湖、施家湖、商塘湖芦家沟、汤渔湖、胡大涧、十涧湖、蔡城塘等十多个湖泊。除此以外，还有谢家集、八公山和大通矿区形成的采煤沉陷水域，以及多座水库。

### 2.2.4　土壤

两淮矿区的土壤类型较为复杂，大体分为潮土（黄潮土）、潮棕壤土、水稻土、青黑土（砂姜黑土）等几种土壤[196]。

（1）潮土（黄潮土）：潮土土质是以淤土、两合土、沙土为主的亚砂土，分布于该区北部和主要河流的沿岸，见于砀山、萧县、亳州、界首全境和涡阳、濉溪以及颍河、涡河、浍河、西淝河沿岸，面积约占全区总面积的33%。该土壤具有强石灰性，其中一小部分有盐碱化现象。

（2）潮棕壤土：潮棕壤土土质是以黄白土、坡黄土为主的黏性土壤，由老的黄土性冲击母质形成，分布于沿淮岗地及河流中游沿岸，呈带状分布，一般宽度为1~2 km，沿淮最宽有4 km，面积约占全区总面积的10%。

（3）水稻土：水稻土土质是以黄泥土、澄白土、黑白土为主的黏土，分布于凤台、颍上等沿淮岗地，面积约占全区总面积的2%。

（4）青黑土（砂姜黑土）：青黑土土质是以黑土、黄土、白淌土、淤黑土、砂姜土为主的亚黏土，分布于广大河间区，由古河流沉积所形成，是淮北的古老耕作土壤。在皖北地区广泛分布于涡阳、宿州及沿淮岗地以北地区。

（5）砂姜黑土：砂姜黑土土质是一种具有腐泥状黑土层和潜育性砂姜层的暗色土壤，是我国古老的农业区耕作土壤之一，其成土母质系黄土性古河流沉积物。过去排水条件很差，一年中可能有2~3个月积水，但积水不深，能生长耐湿性草本植物。植物死亡后，在积水和湿润的条件下进行厌氧分解，土壤表层积累有机质；翌春雨季到来之前，积水退干，气温升高，又进行好氧分解，如此循环往复，由于生物累积和渍水作用的共同影响，形成了"黑土层"。

砂姜黑土有明显的淋溶淀积过程,即土壤上层的碳酸钙被淋溶而淀积于底层,形成不同形态的砂姜。所谓"砂姜",即呈姜块状的石灰结核。砂姜黑土中的碳酸钙虽淋溶,但又淋溶不深,这与当地干湿交替的气候条件有密切的关系。潮湿季节促进碳酸钙淋溶,干旱季节促进碳酸钙淀积。

砂姜黑土分布在山东、河南、江苏、湖北和安徽等省份,其中,安徽淮北面积最大。砂姜黑土广泛分布在河间平原地区,于涡阳、宿州一线以南、沿淮岗地以北地区。

在近代黄河夺淮以前,砂姜黑土曾遍布皖北平原全境,后来由于黄泛物质的覆盖,大大缩小了砂姜黑土的分布范围和面积。

砂姜黑土(青黑土)亚类可划分为黑土、黄土、白潮土、淤黑土和砂姜土5个土属,由于不同区域的砂姜黑土有不同土属,其容重和土壤颗粒级配也有差异。砂姜黑土中固体物质主要是大小不同的矿物颗粒。土壤水分、空气状况以及作物生长都受土壤颗粒影响,颗粒按直径的大小可分砂粒、粉砂粒、黏粒。砂粒粒径大,比表面积(单位重量土粒的表面积)小,孔隙度,透水性强,毛管上升高度小,遇水不易膨胀,干燥不易收缩;粉砂粒的粒径细,比表面积较大,孔隙较小,透水性不强,毛管高度上升较大;黏粒的粒径最小,比表面积很大,孔隙最小而量多,透水性很弱,毛管水上升高度大,上升速度慢,遇水膨胀,干燥收缩。

此外,还有零星分布于低山残丘区的棕壤、褐土、褐潮土,土质基本上是属于红土、山淤土、黄泥土、黑土为主的亚黏土。

## 2.2.5 地质条件

淮北矿区隶属华北地层大区中的淮河地层分区,属于北相地层。按地层时代,由新至老分别为新生界、古生界和上元古界[197]。新生界主要岩性包括砾岩、砂岩、黏土和泥岩,与下伏地层不整合,厚度在200~500 m不均匀分布。新生界在矿区由东北向西南逐渐变厚。古生界由老至新分别为寒武系、奥陶系、石炭系和二叠系,寒武系厚度700~1100 m;奥陶系厚度300~600 m;二叠系为含煤系,分为上统和下统,下统是矿区主要含煤地层,分为下石盒子组,山西组两个组。山西组厚度约100 m,含C、D两煤层,其中,D煤层较厚且分布稳定,为矿区主要的采煤来源。下石盒子组厚约100 m,含E、F、G、H四煤层。其中,F、G

煤层较厚且分布稳定，为矿区主要的采煤来源。上元古界震旦系形成于约 8 亿年前，是本区最古老的地层，在濉溪县东北部有部分出露，岩性主要为灰岩。

此区内二叠系下石盒子组和山西组为主要含煤地层，煤层包括 3、4、7、8、10、11 煤等。研究区域在聚煤盆地形成后，受印支、燕山与喜马拉雅等多期构造运动作用，断裂构造非常发育，形成大型近北东向断层，南北向中、小型断层受其切割和限制。地层倾角变化较大，浅部相对较陡，倾角一般为 10°~20°。

淮南矿区东起固镇长丰断层，西至阜阳，北抵明龙山、上窑断层，南止阜阳、舜耕山断层，地层属华北地层区－淮河地层分区－淮河地层小区；地层发育主要为上太古界、上元古界、下古生界、中生界、新生界。

主要煤系地层是中石炭统本溪组、上石炭统太原组、下二叠统山西组、下二叠统下石盒子组、上二叠统上石盒子组和上二叠统石千峰组。该区主要含煤地层二叠系总厚度大于 1900 m，其中山西组、下石盒子组和上石盒子组（下段）为主要含煤岩系（厚约 800 m），一般含煤 40 层（最多达 56 层），总厚度 30~40 m，自下而上分为 A、B、C、D、E 5 个煤组，其中 A、B、C 组为主要开采煤组，可采 10~19 层，可采总厚度 23~36 m。石炭系太原组，含煤 8~11 层。煤田南、北边缘有低角度走向逆断层发育，造成下古生界几度逆覆于上古生界之上。在复向斜中，有一组北东向的正断层发育，将上古生界切割成阶梯状块段。石炭二叠纪煤系广泛赋存于复向斜中，并往往形成次一级褶皱。燕山期岩浆活动多以小型细晶岩、煌斑岩岩脉、岩床侵入煤系，对煤层局部有影响。

## 2.3　自然资源概况

### 2.3.1　矿产资源

安徽省是华东地区煤炭资源最丰富的省份，勘查开发历史长，开发强度大，煤炭生产集约化程度高，煤炭产量占华东地区总量的 43% 以上，其保有资源中已利用 191 亿 t，尚未利用的资源量仅有 161 亿 t。省内 99% 以上的煤炭资源集中在皖北的淮北和淮南煤田。截至 2019 年末，全省煤炭资源核定产能共 1.2696 亿 t，主要集中在两淮地区的淮南市、淮北市、亳州市、宿州市、阜阳市[198]。

两淮矿区是我国 14 个大型煤炭生产基地之一，包括淮南煤田的淮南定远、潘谢和新集矿区，以及淮北煤田的濉萧、宿县、临涣和涡阳矿区。两淮矿区煤炭资源丰富，已探明煤炭储量近 300 亿 t，其中，保有煤炭资源总量超过 250 亿 t，已利用的煤炭资源达 191 亿 t[198]。两淮矿区煤炭种类较为齐全，计有不黏煤、弱粘煤、气煤、1/3 焦煤、肥煤、焦煤、瘦煤、贫煤、无烟煤等，另有天然焦、断裂带的沥青煤和石煤，煤质优良，尤其是皖北地区的气煤、1/3 焦煤和肥煤等，属低 – 中灰、低硫、低磷、高热值煤，是良好的炼焦和动力用煤[199]。

淮南煤田为石炭二叠纪煤田，以淮南市为主体，长约 180 km，宽度 15~25 km，面积 3200 km²。据淮南矿业集团 2002 年资料，埋藏深度 2000 m 以上的煤炭资源量约 500 亿 t；埋藏深度 1000 m 以上的可供开发的煤炭储量约 150 亿 t。现有矿井总数为 41 个，其中，大中型矿井 18 个，小型矿井 23 个。淮北矿区总面积 9600 km²，其中含煤面积 6912 km²，已探明含量达 80 亿 t[200]。除煤炭资源外，两淮矿区还有丰富的伴生矿资源，如煤层气达资源量达 9000 亿 m³，其中，淮南煤田为 5000 亿 m³，淮北煤田为 4000 亿 m³；页岩气资源量达 13800 亿 m³，其中，淮南煤田为 5600 亿 m³，淮北煤田为 8200 亿 m³[201]。

两淮矿区长期的高强度开发已造成许多矿井接近衰老枯竭期，同时，受国家能源调控政策和后备资源量减少等因素影响，煤炭产能逐年呈下降趋势[198]。近 5 年总产能分别为 13530.3 万 t、13020 万 t、11927 万 t、11529.1 万 t、10989.5 万 t；矿井数量也在减少，从 2015 年的 61 对矿井缩减到 2019 年的 40 对[199]。

### 2.3.2　植物资源

淮北平原地带性植被类型有落叶阔叶树种所组成的落叶阔叶林，还有一些针叶林、针阔混交林。该区是我国最古老的农业地区之一，农垦历史悠久，自然植被绝大部分已不复存在，取而代之的是连片的农业植被。据统计，淮北平原区有种子植物 94 科 307 属 565 种（不包括种下单位及栽培种，但保留在该区无原种的变种），分别占安徽种子植物的科、属、种的 48.2%、33.7%、19.7%[202]。

淮北皇藏峪一带有小片森林分布，在中国植物区系上隶属于泛北植物区，中国 – 日本森林植物亚区，植物区系具有明显的温带性，不仅有温带性的栎林，还有北亚热带的黄檀林。栓皮栎林是皇藏峪面积最大、分布最广的植被类型，除沟谷外，各类山坡均有分布。乔木层优势种为栓皮栎，次优势种随海拔高度变化而不同，在山坡的下部主要是黄连木，在山坡的上部主要为五角枫。除栓皮栎林外，皇藏峪主要还有栓栎 + 侧柏林、槲栎林、黄连木 + 黄檀林和青檀林等[203]。

### 2.3.3 动物资源

淮北平原的动物区系成分属于古北界华北区，受长期农耕活动的影响，野生动物种类较为贫乏，以对人类活动耐受性较强的广布种为主。据统计，淮北平原共有陆生野生脊椎动物 196 种，其中，兽类 21 种、鸟类 158 种、爬行类 10 种、两栖类 7 种[204]。兽类以地栖的啮齿类及食肉类为主，如啮齿类的草兔、黑线姬鼠、黑线仓鼠、大仓鼠、褐家鼠、小家鼠、黄胸鼠等，食肉类的黄鼬、狗獾及貉等。鸟类以雀形目、鸽形目和鹈形目为主，如树麻雀、喜鹊、灰椋鸟、珠颈斑鸠、普通鸬鹚等。在居留型上，冬候鸟 47 种，夏候鸟 39 种，留鸟 59 种，旅鸟 41 种，分别占总种数的 29.7%、24.7%、37.3% 和 25.9%。两栖、爬行动物主要以古北种和广布种为主，具古北界区系特征。该区两栖动物常见种类为黑斑侧褶蛙、泽陆蛙、饰纹姬蛙、金线侧褶蛙和中华蟾蜍等，爬行动物常见种类为无蹼壁虎、白条锦蛇、赤链蛇和红纹滞卵蛇等[205]。

## 2.4 社会经济概况

由于本研究的主要样地位于淮北市濉溪县、淮南市潘集区和凤台县、阜阳市颍上县，以下有关社会经济概况的介绍主要针对这些地区。

濉溪县总面积 1987 km²，下辖 11 个镇和 2 个省级经济开发区，其中，陆地面积 1918.61 km²，水域面积 62.99 km²。水域中河流面积 21.13 km²，塌陷湖泊、坑塘等面积 41.86 km²。根据第七次全国人口普查结果，濉溪县总人口为 93.2 万人[206]。2020 年，濉溪县实现地区生产总值 491 亿元，其中，第一产业增加值 54.2 亿元，第二产业增加值 242.7 亿元，第三产业增加值 194.2 亿元。全年居民人均可支配收入 21563 元，城镇居民人均可支配收入 32966 元，农村居民人均可支配收入 15170 元[207]。

潘集区面积 590 km²，下辖 1 个街道、9 个镇、1 个民族乡。根据第七次全国人口普查数据，潘集区常住人口为 32.6 万人。2020 年，潘集区全年完成地区生产总值 222.6 亿元，其中，第一产业 22 亿元，第二产业 145.8 亿元，第三产业 54.8 亿元。2020 年全区常住人口全体居民人均可支配收入为 27590 元，城镇居民人均可支配收入为 38405 元，农村居民人均可支配收入为 17054 元[208]。

凤台县总面积 1100 km², 下辖 15 个镇、4 个乡。根据第七次全国人口普查数据，凤台县常住人口为 63.3 万人。2020 年全县实现地区生产总值 305.9 亿元，其中，第一产业完成增加值 38.4 亿元，第二产业完成增加值 151.7 亿元，第三产业完成增加值 115.8 亿元。2020 年城乡居民人均可支配收入 24016 元，城镇居民人均可支配收入 36459 元，农村居民人均可支配收入 17336 元[209]。

颍上县总面积 1988.5 km², 下辖 22 个镇、8 个乡。根据第七次全国人口普查数据，颍上县常住人口为 119.9 万人。2020 年全县实现地区生产总值 415.9 亿元，其中，第一产业增加值 64.9 亿元，第二产业增加值 162.2 亿元，第三产业增加值 188.8 亿元。2020 年全体居民人均可支配收入 21421 元，城镇居民人均可支配收入 34227 元，农村居民人均可支配收入 14396 元[210]。

## 2.5　采煤沉陷湿地的形成与演化

中国是产煤大国，煤炭产量约为世界各国总量的 50% 左右。煤炭资源的开发在推动我国经济发展的同时，造成了严重的地质、环境问题，如地表沉陷、环境污染、耕地丧失等，严重威胁到国土安全、人民群众的生存和生命财产安全[211]。由于我国煤炭多为井工开采，且多采用走向长壁全部垮落法，矿区地面大范围变形、下沉，导致了地表景观的巨大变化。据测算，井下开采原煤 1 万 t，会形成 0.20~0.33 hm² 的沉陷地。截至 2017 年，我国采煤沉陷区面积达 20000 km²，分布在 23 个省（市区）151 个县（市、区），其中，部分煤炭资源型城市沉陷区面积大于城市总面积的 10%[212]。据估计，全国采煤沉陷区仍在以每年 2100 km² 的速度增加[213]。

华北平原是我国重要的煤炭基地，煤炭资源丰富，属于高潜水位矿区。高潜水位矿区具有地势平坦、潜水位埋深小、可采煤层多、煤层厚度大和地表下沉系数大等特点。与干旱、半干旱的煤矿开采沉陷区相比，高潜水位矿区由于雨量充沛，地下水水位较高，煤炭大量开采后形成的大面积沉陷地表很快积水形成湿地，沉陷区原有的大片农田被毁，原有的陆地生态系统逐渐向水 - 陆复合生态系统转变，生态平衡被打破[214]。据估计，华北平原最终的采煤沉陷区将达 $3 \times 10^4 \ km^2$，其中约有 2/3 的面积将形成湿地[215]。

采煤沉陷湿地的形成过程首先是采煤沉陷盆地的形成。地下煤炭被采出后，开采区周围的岩体原始应力平衡状态受到破坏，造成应力重新分布，从而使岩层和地表产生移动变形和非连续破坏。开采初期，在采空区边界上方地表发生裂缝变形，随着工作面的不断推进，地表在水平拉应力作用下，产生倾斜、弯曲、下沉和水平变形。地表移动变形是采空区上覆岩体变形的直接响应，最终形成一个比采空区范围更大的地表下沉盆地，成为采煤沉陷湿地必须具备的负地形。采空区上方的岩体变形总过程是自下而上逐渐发展的漏斗状沉落，其变形可分为冒落带、裂隙带和弯曲带。采煤沉陷盆地形成以后，原水系被破坏，降水和地表径流汇集于沉陷区不能被排除。另外，地下水水位比沉陷区水位高时，浅层地下水会作为水源越流、侧向补给沉陷区，形成积水。因此，大气降水、浅层地下水和地表径流是采煤沉陷湿地的主要水源。在丰水季节，沉陷湿地水位高于地下水位时，将成为地下水的补给水源[213]。根据《中华人民共和国国家标准：湿地分类（GB/T 24708—2009）》，采煤沉陷湿地应归类为人工湿地，即"人类为了利用某种湿地功能或用途而建造的湿地，或对自然湿地进行改造而形成的湿地，也包括某些开发活动导致积水而形成的湿地"。

淮南煤田开发较早，研究区内泉大资源枯竭矿区是淮南矿区最早开发的井田之一，开采历史悠久，明清时期就有土窑开采近地表煤层；大通煤矿是现代淮南煤矿的发源地，始建于 1903 年。抗日战争时期，日本进行了典型的掠夺式开采；新中国成立以后，矿山大规模建设，开采深度达到 880 m。20 世纪 80 年代以来，淮南矿业（集团）有限责任公司开始对淮河以北新矿区的煤炭开发，相继建成并投产的矿井有潘一矿（1983）、潘二矿、潘三矿（1992）、谢桥矿（1997）、张集矿（2001）、顾桥矿（2006）、潘四矿（2007）、顾北矿（2007）、丁集矿（2007）、朱集矿（2008）。淮北矿业（集团）有限责任公司于 1958 年开始开发淮北煤田，目前生产矿井 21 对，矿井分布区域横跨淮北、宿州、亳州 3 市。皖北煤电集团有限责任公司于 1984 年开始开发淮北煤田，目前有 7 对生产矿井。

两淮矿区煤炭开采历时时间长，开采强度大，且具有厚冲积层、高潜水位、煤层群等地质特征，开采沉陷具有特殊性，表现在地表下沉范围大、下沉系数大、多次沉降等特点，因此沉陷影响范围广，沉陷深度大且易积水。随着煤炭资源大量开采，沉陷区面积将继续扩大，既有老沉陷区未治理，又有新沉陷区出现，还有的沉陷区治理后，因多层煤的开采又重新沉陷，部分沉陷区将连片成湖泊，原有陆生生态系统逐渐向水陆复合生态系统转变。

根据六市上报数据统计结果，截至 2016 年年底，两淮矿区采煤沉陷区总面积为 623.38 km$^2$，其中：沉陷深度 < 1.5 m 的面积为 210.4 km$^2$、沉陷深度 ≥ 1.5 m 的面积为 412.98 km$^2$。预计到 2021 年，采煤沉陷区总面积为 763.37 km$^2$，其中：沉陷深度 < 1.5 m 的面积为 264.53 km$^2$、沉陷深度 ≥ 1.5 m 的面积为 498.84 km$^2$（表 2-1）。

表 2-1　安徽省皖北六市采煤沉陷区面积现状及预测

| 市名 | 年份 | 沉陷面积（km$^2$） | | 总沉陷面积（km$^2$） |
|---|---|---|---|---|
| | | <1.5 m | ≥ 1.5 m | |
| 淮南市 | 2016 | 125.94 | 152.69 | 278.63 |
| | 2021 | 159.00 | 193.44 | 352.44 |
| 淮北市 | 2016 | 18.62 | 214.18 | 232.80 |
| | 2021 | 21.02 | 241.82 | 262.85 |
| 宿州市 | 2016 | 38.22 | 17.97 | 56.18 |
| | 2021 | 45.33 | 20.71 | 66.05 |
| 亳州市 | 2016 | 7.67 | 2.10 | 9.77 |
| | 2021 | 15.07 | 6.50 | 21.57 |
| 阜阳市 | 2016 | 19.32 | 25.94 | 45.26 |
| | 2021 | 22.40 | 35.76 | 58.16 |
| 蚌埠市 | 2016 | 0.64 | 0.09 | 0.72 |
| | 2021 | 1.70 | 0.59 | 2.29 |
| 合计 | 2016 | 210.41 | 412.97 | 623.38 |
| | 2021 | 264.53 | 498.84 | 763.37 |

## 2.6 采煤沉陷带来的社会经济问题

两淮矿区的煤炭开采导致的地表沉陷带来了一系列的社会、经济问题。其中，地表沉陷引起的耕地丧失和地面构筑物损坏对当地社区造成了很大的影响。煤炭开采后形成地下采空区，地表发生沉陷、积水，大量耕地被毁、地面构筑物等基础设施开裂甚至倒塌，公路路面发生下沉、凹陷，甚至断裂。这些由采煤沉陷所引发的问题已成为困扰当地居民正常生产生活、制约社会经济发展的主要因素。

### 2.6.1 基础设施损毁严重

采煤沉陷导致两淮矿区地表道路、管道及建筑物等一系列公共基础设施严重受损，在影响当地居民正常生活的同时也造成了巨大的经济损失。据统计，截至 2012 年年底，淮南市因采煤而沉陷的地表面积超 $2 \times 10$ hm$^2$，涉及 27 个乡镇，占全市面积的 7.9%，涉及 31.1 万人，占全市人口的 12.8%；仅在 2008 年至 2012 年期间，采煤沉陷导致的基础设施受损问题就涉及居民 4 万多户约 16 万人；中小学和医院受损 110 所，桥梁受损 1000 余座，道路受损约 52 km，供电线路受损约 710 km，通信线路受损约 300 km。淮北市采煤沉陷面积达 $2.3 \times 10$ hm$^2$，涉及 31.5 万人；现有建筑物受损面积达 13 km$^2$ 以上，现有受损道路总里程达 730 km，现有受损水电气暖基础设备达 282 处，受损基础管网总程度达 1937 km[216]。

### 2.6.2 农业经济发展受阻严重

两淮矿区地下煤炭分布与耕地存在大面积重叠，在长期高强度的地下开采影响下，大范围农田发生严重的地表沉陷，进而转变为绝产的废弃耕地。截至 2012 年，淮北市采煤沉陷面积达 $2.3 \times 10^4$ hm$^2$，其中，优良耕地占 80% 以上。预计至 2025 年，两淮采煤沉陷区内将新增被毁耕地约 $4.67 \times 10^4$ hm$^2$。根据目前农业生产情况估算，该地区每年由于耕地损毁及浅层沉陷导致的农作物减产将直接或间接造成约 12 亿元的农业损失[217]。此外，大面积耕地被毁使得区域内众多村庄居民人均耕地占有量不足 1 亩[①]，随着采煤沉陷区域的不断扩大，大量少地

---

① 1 亩 =1/15 hm$^2$。以下同。

甚至无地村将陆续出现。这些问题严重阻碍了当地农民的农业生产活动，使得两淮矿区采煤沉陷与农村经济建设间的矛盾日趋尖锐。

### 2.6.3　大量居民被迫搬迁

采煤沉陷导致地表变形，进而引起房屋下沉、开裂、倾斜甚至垮塌，对当地居民生命财产安全造成极大威胁，使得他们不得不易地搬迁来规避风险。据不完全统计，仅 2008 至 2015 年间，两淮采煤沉陷区有约 34 万人需要搬迁；预计 2016 至 2025 年间搬迁人数仍将超过 20 万[217]。此外，尽管有关部门在搬迁安置过程中做出了巨大努力，但仍存在些许实际性问题疏于考虑，如搬迁安置政策宣传程度不够，缺乏灵活性、多样性、系统性与持续性等[218]。妥善处理采煤沉陷区的居民搬迁安置是一项涵盖人民利益、社会稳定及地方经济发展等多因素的综合性难题，也是矿区综合治理过程中必须完成的关键任务[219]。

### 2.6.4　失地农民再就业形势严峻

两淮采煤沉陷区大面积的耕地退化、消失，致使当地涌现出大量失地农民，尽管国家已出台一系列政策法规来要求开采单位对塌陷、损毁土地进行复垦，使其恢复至可利用水平，但受限于当前的治理技术与昂贵的修复成本，使得这些规定在部分地区并未得到有效的贯彻落实[220]。失地农民中的中老年农民及纯农民约占 40%，由于年龄限制、职业技能缺乏、就业消息较为闭塞等因素使得他们在失去土地后难以找到合适且稳定的工作[220]。从整体上来看，两淮沉陷区的失地农民再就业形势严峻，工作质量普遍不佳且稳定性较差，大量失地农民长久以来均处于待业或半待业状态。这些问题的长期存在可能会导致采煤沉陷区内的社会不稳定性因素增多，激化煤矿开采引发的一系列社会经济问题。

### 2.6.5　后期治理投入巨大

两淮采煤沉陷问题由来已久，形成原因复杂、影响范围广、破坏性强，使得后期治理工作难度极大且需花费大量的人力、物力及财力。据统计，自 2008 年以来，淮南市累计投入约 100 亿元用于采煤沉陷区的综合治理，其中，村庄搬迁投资约 77 亿元，规划建设村庄搬迁项目 71 个，新建安置房约 700 km²，搬迁入住达 4.67 万户约 14.1 万人；生态环境修复工程投入约 22.5 亿元，治理沉陷区面积达 24 km²。截至 2018 年，淮北市累计投入 43 亿元用于采煤沉陷区的综合治理，已治理面积达 121 km²，约占沉陷总面积的 52%；已搬迁村庄 275 个，涉及居民约 20 万户。

## 2.7　采煤沉陷带来的环境问题

长期高强度的地下采煤活动导致了大面积的土地沉陷，对地表生态环境产生了一系列负面影响，使得矿区生态环境不断恶化[221]。采煤沉陷所产生的生态环境问题主要与开采作业方式以及开采区地质条件等因素相关联。两淮矿区主要采用机械化综合开采的作业模式，总体上趋于"产量高、效率高、强度高"的开采特征加剧了采煤工作对于岩层及地表的干扰[222]。同时，两淮矿区位于我国东部的高潜水位平原地区，采煤沉陷会导致地表发生直接形变，形成裂缝、坡地及积水区等，并驱动诸多地表生态环境因子的改变，使得原有的生态平衡遭到严重破坏。

### 2.7.1　地表形态受到严重影响，地形地貌发生巨大变化

除煤炭采空外，开采过程中的其余施工作业，如爆破、巷道钻深等均会破坏地层内的应力稳定状态，导致地表出现沉陷坑与文状断带[223]，使得原本平坦的土地变得高低不平，显著改变了矿区原有的地形地貌，破坏了其生态环境的平衡与完整状态。两淮矿区地表沉陷后形成了众多大小、深浅不一的季节性与常年积水湿地，使得地表形态发生剧烈变化。例如，淮南矿区的谢李深部矿井位于其市中心位置，当煤炭开采完毕后将会出现一个面积达 17.7 km²、深度为 21.7 km 的沉陷积水区，从而将淮南市区分为东、西两个部分[224]。

### 2.7.2　地下水位沉降、水质恶化严重

两淮矿区的地下煤炭埋藏较浅且煤层较厚，加之其高强度的开采活动，使得地下潜水位迫降、地表水日渐稀少，区域内水体受到不同程度的污染，水生生态系统完整性严重受损[225]。煤矿开采过程中抽取的地下水主要为孔隙水与岩溶裂

隙水，因而对地下水资源产生了影响。主要体现在含水层结构破坏、地下水位下降、水质恶化及岩溶塌陷等方面[226]。岩溶水作为淮北市的主要供水水源，在长期开采影响下，其地下水位已出现较大幅度下降，某些区域的平均水位较20世纪末下降1.7~6.5 m[226]。此外，随着岩溶水开采规模的不断增大，其溶解性总固体含量与总硬度呈上升趋势，地下水水质出现较明显的恶化[226]。对于地表水系，有关研究表明，淮北矿区主要纳污水系水体质量总体属于中度污染水平，V类及劣V类水质断面达58.3%；淮南矿区大多数采煤沉陷湿地处于污染状态，其中以处于沉陷早期的湿地最为严重[226-228]。

### 2.7.3　土壤污染严重、生产力下降显著

煤炭开采中表层土壤的剥离使得腐殖质流失，当地表发生沉陷时，腐殖质又会随之进入地下，导致沉陷区土壤原有的物理、化学及生物特性遭到严重破坏。同时，沉陷区的地表开裂及倾斜会显著降低土壤的存土、存肥及存水能力，使其逐步恶化成为"三跑"土壤，导致区域内土壤生产力严重下降。此外，有关部门对沉陷区域采取了挖深垫浅、充填复垦的治理方法[229]，这会使得废弃煤矸石中的重金属通过浸泡、淋溶作用而被释放进入土壤当中[230]，导致沉陷区域内重金属含量超过地区土壤背景值[231]。采煤沉陷区发生积水后会导致潜水位上升，地下水与土壤中的Ca、Na、Mg等金属盐类通过土壤毛细管作用被运输至地表，加剧了土壤盐渍化现象。研究表明，淮北采煤沉陷湿地中的水体呈现较高的碱性（pH一般在8.2~8.6），并且该区域内土壤次生盐渍化现象十分普遍[232]。

### 2.7.4　地表植被多样性受损

对于矿区内的地表植被，采煤沉陷可通过多种理化作用对其产生一系列不良影响，进而导致其结构变化、多样性受损，其过程主要体现在如下三方面：①煤炭开采过程中产生的大量固体废物露天堆放，使得地表植被生存空间遭到严重压缩，在部分区域甚至无法生存；②随着煤炭开采强度的不断加大，某些重金属离子会逐步进入植物体内，并通过生物富集作用不断累积，干扰植物新陈代谢过程，危害其正常生长发育；③采煤沉陷区土地由于盐渍化现象的加剧而出现土壤板结及肥力下降，极大地阻碍了植物的水源及营养物质的输送[223]。

### 2.7.5　扰乱与破坏水系

两淮矿区水系发达，河网密布，分布有众多的河流。但由于大范围采煤沉陷的影响，矿区内的河流已经遭受或即将遭受严重的干扰与破坏，河堤发生下沉与断裂，沉陷湿地与河流相互连通，对河流原有生态系统的结构、功能及完整性产生了一系列负面影响[233]。位于淮北矿区内的浍河、龙河、岱河、濉河及涡河，淮南矿区内的西淝河、泥河、架河、永幸河，均在采煤沉陷影响下出现不同长度的河段下沉，并且这一现象将随着煤炭开采的持续而不断加剧[233]。

### 2.7.6　危害淮河行洪区的生态安全

淮河干流作为山丘区与淮北平原洪水的总排放通道，为加强其整体抗洪能力，确保淮北大堤与两淮地区能源基地安全，水利部门在安徽省境内沿淮河地区通过湖泊与洼地共修建了 21 个大型蓄洪区与行洪区。然而，在长期煤炭开采的影响下，作为维护淮河行洪关键所在的六坊行洪区已形成了面积约 6.35 km²、深度约为 6.5 m 的采煤沉陷区，影响河堤长度达 6.1 m；预计到 2025 年该沉陷区面积将扩大至 6.95 km²；当该矿区内全部煤炭开采完成后，将会出现一个面积为 13.3 km²、深达 22 m 的沉陷区，从而使得该行洪区的行洪功能彻底丧失[233]，对淮河行洪区生态安全产生严重影响。

## 2.8　采煤沉陷区的生态功能与价值

两淮矿区地处高潜水位地区，较高的地下水位及丰富的降水会使得大面积沉陷地表转变成沉陷湿地，导致土地资源流失、社会经济发展减缓、生态环境恶化，使得矿区社会、经济与环境间的矛盾日趋严重。但生态系统所具备的服务价值往往会呈现时空变化的动态特征，这些人为改造形成的湿地在有效管理下可从废弃之地变为对人类有利的重要资源，在生物多样性保护、调节、物质供给与文化服务方面发挥重要作用。

### 2.8.1　生物多样性保护功能

在采煤沉陷地表发生积水转变为湿地的同时，其生态系统类型也由简单的陆生生态系统演变为陆生－水生复合生态系统。独特的水文条件及显著的边际效应使得沉陷湿地生态环境更为多元化，为各种各样的生物提供了理想的生存、觅食及繁殖场所。由于两淮采煤沉陷湿地处于东亚－澳大利西亚候鸟迁徙路线上，大量迁徙性水鸟选择在此越冬或繁殖，其中不乏青头潜鸭、鸳鸯、小天鹅等国家重点保护物种。在全球自然湿地大量退化与丧失的背景下，这些沉陷湿地为众多水鸟提供了合适的替代或补偿性栖息地。此外，两淮采煤沉陷湿地还拥有数量、种类众多的水生植被、浮游生物、鱼类等，如芦苇、蓬草、金鱼藻、黑藻、轮虫，随着采煤沉陷湿地生态环境的逐渐修复与改善，其在生物多样性保护方面的潜力也将不断显现。

### 2.8.2　调节功能

#### 2.8.2.1　水分调节与水质净化

两淮矿区周边河流水系复杂，洪涝灾害时有发生，对当地的生态环境及社会经济造成了较大影响。大面积的采煤沉陷湿地在夏汛时期对于洪水具有较好的调蓄功能，能在一定程度上减缓洪峰带来的危害。研究表明，自2020年后，位于淮南矿区的西淝河沉陷区、永幸河沉陷区与泥河沉陷区最大可蓄积至少50年一遇的暴雨洪量[234]。

在经过综合治理后，采煤沉陷湿地具有一定的水质净化能力，能够通过沉淀、吸收、转化及降解等综合作用去除水体中的富营养物质（氮、磷等元素）、降低毒害物质含量或将其转化为毒性较小的状态。部分沉陷湿地周边生长着茂密的芦苇及香蒲，其中，芦苇素有"第二森林"的美誉，能吸收、分解重金属、氯化物、大肠杆菌等毒害物质，若能合理规划与管理，这些湿地水质净化方面将发挥显著作用。

#### 2.8.2.2　气候调节

采煤沉陷湿地可通过其与大气的水、热交换及改变大气组成来影响区域内湿度、降水等气候因素，进而实现区域内的气候调节作用。沉陷湿地浅水区域生长有大量的水生植物（芦苇、香蒲等），密集的植被最大程度抑制了湿地表面过度的水分蒸发，保证了沉陷湿地长期储水能力的有效性。此外，湿地水分一方面通过自然蒸发进入大气中，而后以降水的形式降落至地表；另一方面，植物通过发达的根部从土壤中汲取水分，然后通过蒸腾作用逸入大气，并在积累至一定程度后形成降水。两者与大气的水热交换过程能够有效地调控区域内的气温与空气湿度，减少土地沙化、干旱以及沙尘暴等恶劣现象的发生。此外，湿地植被还能通过光合作用吸收 $CO_2$ 并释放 $O_2$，对大气中的某些固体颗粒物也具有一定的吸附、吸收作用。

### 2.8.3　物质供给功能

在两淮采煤沉陷湿地中，较为常见的一种治理方式便是通过挖深垫浅来构建陆基与鱼塘，从而建立以水产养殖为主的生态农业基地。这种模式遵循生态农业的原则，为人类提供了丰富的鱼、虾等水产资源，部分弥补了耕地消失所带来的经济损失[235]。同时，随着近些年新能源需求的增长与技术的发展，两淮采煤沉陷湿地中铺设了大面积的漂浮式光伏发电板，这种水上光伏发电站不会占用土地资源，在产生电能的同时能有效地降低水温，减少水分蒸发，并通过降低光合作用的方式抑制藻类生长，净化水质[235]。此外，沉陷湿地进一步将水产养殖与光伏发电相结合形成渔 - 光产业，在水面以上进行光能发电，水面以下进行渔业生产，高效利用了沉陷湿地有限的水域空间，具有重要的经济与环境价值。这一系列物质生产模式的建立实现了沉陷湿地与陆地生态系统的协调互作，使得沉陷区内物质、能量得以循环利用与流动，是沉陷湿地生态系统功能与服务价值的有力体现。

### 2.8.4　文化服务功能

#### 2.8.4.1　休闲娱乐功能

两淮矿区的部分沉陷湿地被开发为风景优美的湿地公园，具有良好的观光、旅游与经济价值。这些湿地公园的建造不仅改善了沉陷区的生态环境，也为当地居民提供了良好的休闲娱乐场所，此外，依托其独特景观发展而来的生态旅游模式也极大地推动了地方经济的发展。例如，由采煤沉陷湿地转变而来的淮北市南湖湿地公园，在多年建设与管理下，于 2018 年正式获批国家 AAAA 级旅游景区，已成为具休闲、娱乐、旅游于一体的综合性公园，吸引了大批外来游客、促进了周边娱乐消费活动的增长，为淮北市经济发展做出了巨大贡献[236]。

### 2.8.4.2　科研教育功能

　　两淮采煤沉陷湿地丰富的生物多样性及独特的水文地质条件，为大批科研工作者提供了理想的研究场所，其修复过程也为其他沉陷区的生态治理提供了重要的参考模型。近些年来，已有学者从生态系统角度出发，基于水土环境、生物资源状况与社会生产活动等要素，对采煤沉陷区的生态演变过程及潜在机制进行了深层次剖析[5, 42, 44]。对于采煤沉陷带来的环境、社会与经济冲突，科研工作者们也因地制宜地提出了针对性的解决方案，开发出了新的治理技术与治理模式[237]。两淮采煤沉陷湿地环境变化迅速、特征典型，其形成过程、地质结构及生态过程背后蕴藏着丰富的科学问题，已逐渐成为采煤沉陷灾害防控与生态学研究的重点关注区域[235]。

## 2.9　采煤沉陷区的综合治理

　　两淮矿区的采煤沉陷导致了一系列社会经济与生态环境问题，已引起国家有关部门的高度重视。采煤沉陷的形成机制十分复杂，其治理涉及自然生态及人类社会，是一项极其复杂且漫长的系统工程。治理过程应基于矿区实际情况，发挥政府部门的主导作用，坚持以人为本、因地制宜的政策，提倡以防为主、防治结合的原则，进行生态修复的同时防止新的沉陷发生，采取相应的减塌技术缩小沉陷范围、延缓沉陷时间、降低沉陷危害[232]。

### 2.9.1　改进采煤技术，合理开采煤炭资源

　　受限于两淮矿区地下煤层的埋藏状况，超过96%的煤炭资源采用竖井开采的方式获得，这种方式在今后的开采过程中仍将占据主要地位。在无法改变开采方式的情况下，可根据不同的地表景观状态及水文地质条件来改进开采方法，以此减小竖井开采对于生态环境的影响。当矿井煤层较厚时，可将其进行分层并适当减小各层厚度，采取分层开采法；当地表建筑物较少、煤层埋藏较浅（ < 400 m）时，矿区可选用条带开采法；当煤矿位于"建筑物下、路下及水下"时可采用充填开采法；在上覆冲积层厚的矿井可采取常规的长壁与放顶方式进行开采[232]。同时，除煤炭开采技术的改进外，应当合理规划煤炭开采量，取缔非法开采活动，

减少对矿山的掠夺式开采。

### 2.9.2　推行沉陷区土地复垦，加强土地重新利用

两淮采煤沉陷区内各区域水文地质条件不尽相同，在进行土地复垦时需因地制宜，采取科学、经济、合理的方式进行，在保证地形稳定的基础上尽可能提高土地质量，恢复其原有生产力水平。基于沉陷区土地的沉陷面积、时间、深度、积水情况等各方面的差异，学者们提出了 5 种相对应的复垦方式：①对于地下水硬度大、积水较浅且土壤盐渍化现象严重的区域进行覆土造林，大力发展林业经济；②对于较为稳定、沉陷深度较小的区域，建议挖塘造田，综合发展农牧渔业；③对于沉陷面积大、积水深、较为稳定且具有一定面积滩涂的区域，实施养殖、种植与加工结合经营的生态农业；④对于积水面积小且耕地稀少的地区可采取挖深垫浅的方式，在恢复耕地数量的同时实现生态农业的发展；⑤对于仍不稳定的区域，可采取水产、水禽及水生蔬菜综合发展的复垦模式。

### 2.9.3　优化监测技术，掌握矿区生态环境变化趋势

在煤炭的开采、利用及废弃物处理过程中，应当采取合适技术对沉陷区生态环境状况进行实时监测，并通过分析沉陷区生态系统的演变规律来探究导致环境变化的潜在影响因素。合适的监测技术还可借助于分析采煤沉陷区陆生生态系统向水－陆复合生态系统的演替过程在时空尺度上的变化规律与趋势，更深层次的剖析与还原矿区土地发生采煤沉陷的原理与过程，为采煤沉陷区的生态环境治理及生态价值开发提供完备的理论支撑[222]。两淮矿区位于高潜水位地区，地下水位较高，地表发生沉陷后易形成湿地，可采用"3S"、D-InSAR 等技术相结合的方式，对采煤沉陷区进行开采活动监测、生态环境评价以及修复结果评估等[238]。

### 2.9.4　发展新型能源，降低煤炭依赖程度

在我国的能源结构中，煤炭、石油等传统化石能源占比较大，从源头上加剧了对于煤矿资源的需求，导致矿区采煤沉陷问题日趋严重。近些年来，国家能源部门大幅发展与建设新型能源产业，截至 2020 年，我国非化石能源装机占比将增加至 39%，非化石能源消费在一次能源中占比约 15%[239]。逐步降低传统石

化石能源的生产与消费占比，发展以风能、光能、水能及核能等为代表的新型能源，已成为未来能源结构调整的必然趋势[240]。在国家号召下，两淮采煤沉陷区建立起一大批光伏发电及农光互补的清洁能源产业，如淮南采煤沉陷区已建成全球最大面积的水面漂浮式光伏发电站。新型能源的发展不仅大大推动了采煤沉陷区综合治理的进程，也在一定程度上降低了国家对于传统能源的依赖程度，并为地方经济增长注入了新的力量。

### 2.9.5 完善相关法律法规，依法治矿

在两淮矿区以往的煤炭开采过程中，除生产技术条件的限制外，个别煤矿不遵守相关政策与法律，为谋求利益而对矿区进行掠夺式的开采，也进一步加剧了采煤沉陷引发的生态环境与社会经济问题。为最大程度规范煤炭开采工作、保护生态环境平衡及社会经济稳定，我国于近些年陆续成立了全国煤炭标准化技术委员会、煤炭行业煤矿专用设备标准化技术委员会等组织，制定了包括《中华人民共和国煤炭行业标准（MT 491—1995）》及《中华人民共和国安全生产行业标准（AQ 1083—2011）》在内的 1000 多项行业标准，颁布了《煤炭法》《矿产资源法》《土地复垦规定》与《地质灾害防治条例》等一系列法律规定，安徽省也出台了《安徽省矿山环境保护管理办法》《采煤塌陷区综合治理工作方案》等相关条例。两淮矿区主管部门应当认真贯彻落实法律法规、制定相适应的管理与奖惩制度，真正做到有法可依、有法必依、执法必严、违法必究，严厉打击非法开采活动，切实保障矿区生态环境安全。

# 第 3 章
## 研究方法

## 3.1 环境因子调查

### 3.1.1 环境因子的概念

环境是指某一有机体或群体生活的空间中所包含的一切，包括空间本身以及该空间中与有机体直接或间接发生作用的各种要素。环境是一个相对的概念，是指某一对象主体所处的环境，以该对象为中心进行讨论，抛开对象讨论环境便没有意义。例如，在环境科学中，常以人为中心，在人类生存空间中的一切生物与非生物因素都是人类的环境；在生态科学中，常以生物有机体、种群或群落为中心，有机体以外的与其直接或间接发生作用的一切生物或非生物因子都是其环境因子。

生物生存的环境一般可分为大环境和小环境。大环境是指较大时空尺度的环境，如地区环境、地球环境，甚至宇宙环境。例如，大环境的大气候通常指离地面 1.5 m 以上的气候，是由大尺度因素决定的，如全球大气环流、地形地貌、经纬度、离海洋远近等。大环境一般在大尺度上决定生物的生存与分布，形成生物地理区系。小环境通常指的是与生物有机体直接相邻的环境，即小范围内的环境。小环境与有机体通常具有直接的相互作用，并受大环境的制约和影响。

### 3.1.2　环境因子的选择

生态学是研究生物有机体与环境因子之间相互关系的一门学科。在生态学的研究中，环境因子的选择与测量对所研究问题的解决至关重要，但是一直以来，如何选择合适的环境因子进行测量并没有得到足够的重视。

近些年来，环境因子的测量方法不断推陈出新，获取途径日益多样化与便捷化，很多数据库平台也提供免费的环境因子测量数据，为研究人员提供了非常便捷的服务[241]。然而，如何选择合适的环境因子并确定它们相对的重要性仍是一个难题[242]。很多研究人员在选择环境因子时感到迷茫，只能参考前人类似的研究，选择的因子并不一定适合自己的研究，甚至与所研究的对象并没有直接或间接的联系；或者只选择一些比较容易测量的因子，而将一些难以测量的因子忽略，但这些因子可能会起到比较重要的作用，一旦忽略了它们，研究对象表现出来的某些规律可能无法解释。

为了选择合适的环境因子，有研究人员建议，在做选择时，着重考虑因子对具体科学问题的解释力和这些因子的生态学含义，即选择那些能较好地解释具体科学问题的并有充分生态学基础的因子，不能将毫无生态学意义的环境因子作为分析的变量[243, 244]。Thornton 等[245]对大量研究进行分析，根据分析结果建议，在研究物种与栖息地环境因子的关系时，需要在多个时空尺度上选择环境因子进行分析，因为动物可能会对不同尺度的环境因子具有不同的响应。

### 3.1.3　本研究中环境因子的选择及测量

本研究在每个采煤沉陷湿地测量了 11 个可能会影响水鸟栖息地利用的环境因子，涵盖不同的空间尺度。将这些环境因子可分为 4 类，即湿地局域尺度的结构、景观尺度的结构、湿地年龄和人为干扰因子（表 3-1）。湿地局域尺度的结构包括每个湿地的水面面积、水生植被面积、湿地周长、湿地形状指数，而景观尺度的结构定义为每个湿地周围 5 km 范围内的景观格局，即此范围内大于 1 hm² 的湿地总面积。湿地年龄的确定依据多个时相遥感影像的解译，即以最早出现该湿地时的影像时间为起始至本研究开展时的时间间隔。结合野外调查，*从高分辨的谷歌地球（Google Earth）遥感影像上获取以下环境因子：距主要公路或铁路的距离、距人口聚居区的距离、网箱养殖的面积及湿地中遗弃房屋数。其他的因子由遥感影像解译得到的地表覆被类型产生。

表 3-1　本研究在两淮采煤沉陷湿地测量的环境因子

| 环境因子 | 类型 | 单位 | 描述 |
| --- | --- | --- | --- |
| 水域面积（AO） | 局域尺度 | hm$^2$ | 湿地中开阔水域面积 |
| 水生植被面积（AA） | 局域尺度 | hm$^2$ | 湿地水生植被面积 |
| 湿地周长（PW） | 局域尺度 | km | 湿地边界周长 |
| 湿地形状指数（SW） | 局域尺度 | 无 | 湿地周长 $/2\sqrt{\pi \times 湿地面积}$ |
| 湿地年龄（AG） | 局域尺度 | yr | 湿地形成至本研究开展时的年数 |
| 湿地景观连接（WE） | 景观尺度 | hm$^2$ | 湿地周边 5 km 范围内 > 1 hm$^2$ 的湿地总面积 |
| 湿地中遗留房屋数（HD） | 局域尺度 | 栋 | 湿地中遗留的废弃房屋数量 |
| 网箱养殖面积占比（PE） | 局域尺度 | % | 湿地中网箱养殖的面积百分比 |
| 距主要公路或铁路的距离（DR） | 景观尺度 | km | 距最近的主要道路或铁路的欧式距离 |
| 距人口聚居区的距离（DH） | 景观尺度 | km | 距最近的 > 50 hm$^2$ 人口聚居区的距离 |
| 周围人口聚居区的面积（SA） | 景观尺度 | hm$^2$ | 湿地周边 5 km 范围内 > 10 hm$^2$ 的人口聚居区的总面积 |

　　为了得到研究区域的地表覆被类型图，本研究使用 2016 年 9 月 2 日拍摄的一景 Landsat 8 遥感影像（Level 1T of Landsat 8 OLI on path 122/row 37）进行判读（附图 II 和 III）。该影像由美国地质勘探局网站（USGS，http://glovis.usgs.gov/）免费获取，云层覆盖度为 0。这一景影像的拍摄时间恰好处于水鸟野外调查之前，对水鸟调查期间的地表覆被类型的代表性较强。水鸟调查从 2016 年 9 月延续到次年 4 月，此景影像所反映的地表覆被类型对此期间水鸟的生境利用有直接的影响，而且在此期间，研究区域的地表覆被类型可认为是没有发生显著改变。

所使用的影像经过辐射校正和几何校正（NASA Landsat Program 2002，2003），其投影坐标系为 UTM WGS 1984，zone 50（north）。使用 ENVI 5.1 软件（Exelis VIS Inc.）执行监督分类，分类方法为最大似然法（MLC）。地表覆被类型分为以下 5 类：农田、建筑用地、开阔水面、水生植物和林地（附图 Ⅳ）。在野外调查中，结合 Google Earth 的高分辨影像，采集 200 个野外解译标志，这些解译标志中的一半用作训练样本，一半用作精度评价。遥感判读的精度评价表明，总体准确率达 94.4%，kappa 系数为 0.91，表明影像判读比较准确，能够用于本研究的数据分析之中。

## 3.2　水鸟调查

### 3.2.1　水鸟的定义

根据《拉姆萨尔公约》的定义，水鸟是指在生态习性上高度依赖湿地或水体的鸟类[37]。根据湿地国际 2006 年出版的《水鸟种群估计》，水鸟包括 33 个科，共计 878 种。还有一些依赖湿地生存的种类，如翠鸟类、猛禽类，以及一些雀形目鸟类，由于这些鸟类可以因保护水鸟而收益，因此不再列入水鸟的范围。

水鸟一般包括游禽和涉禽。游禽是指善游泳的水鸟。游禽除鸥类外趾间一般都长有发达的脚蹼，如雁、鸭、天鹅、潜鸟、鸊鷉、鹈鹕等（表 3-2；图 3-1）。涉禽是指适应在沼泽和浅水区生活的水鸟。涉禽一般腿、颈、嘴较长，适于涉水行走，不适合游泳，如鹭类、鹳类、鹤类、鹬类等（表 3-2；图 3-2）。

表 3-2　水鸟一般包括的类群

| 生态类型 | 目 | 科 |
| --- | --- | --- |
| 游禽 | 雁形目 | 鸭科 |
| | 鸊鷉目 | 鸊鷉科 |
| | 潜鸟目 | 潜鸟科 |
| | 鹱形目 | 信天翁科、海燕科、鹱科 |
| | 鲣鸟目 | 军舰鸟科、鲣鸟科、鸬鹚科 |

（续）

| 生态类型 | 目 | 科 |
|---|---|---|
| 涉禽 | 红鹳目 | 红鹳科 |
| | 鹳形目 | 鹳科 |
| | 鹤形目 | 鹤科、秧鸡科 |
| | 鸻形目 | 鹬科 |
| | 鸻形目 | 石鸻科、蛎鹬科、鹮嘴鹬科、反嘴鹬科、鸻科、彩鹬科、水雉科、鹬科、三趾鹑科、燕鸻科、鸥科、贼鸥科、海雀科 |
| | 鹈形目 | 鹮鹬科、鹮科、鹭科 |
| | 鹳形目 | 鹳科 |

### 3.2.2 水鸟调查的一般方法

水鸟调查可以采用分区直数法或样线法[246]。

分区直数法类似于样点法，是指根据地形、地貌或生境类型，在湿地周边设置若干个观测点，在每个观测点进行水鸟的观测，各观测点的观测范围不相重叠（图 3–3）。在水鸟群落的调查中，一般较多地采用此方法。

样线法是指沿湿地边界布设若干条固定样线，调查时，调查者沿固定样线以均匀的速度行进，记录所观察到的水鸟物种。样线的设置依据生境类型和地形，各样线的观察范围互不重叠。使用样线法调查水鸟时，一般只记录样线靠湿地一侧一定距离范围内的水鸟物种。

采用分区直数法或样线法调查水鸟时，天气应尽可能晴朗，以保证有较远的有效视距。在调查时，应尽量避免观测者对水鸟的干扰，利用双筒和（或）单筒望远镜对观测区域内出现的水鸟进行辨别和计数。在监测样区调查顺序的安排上，要注意阳光的影响，尽量避免逆光观察。

一般而言，尽可能地在野外实际观测时将水鸟鉴别到物种，若一时无法鉴别，最好拍下照片，待日后进一步鉴定。若照片也无法获得，尽量将其辨认到某一类水鸟，记录为某鸥或某鹬等。如果所观测的水鸟群体不大，则对群体中每只个体

图 3-1　各种游禽的照片

东方白鹳

黑颈鹤

金眶鸻

鹤鹬

白鹭

白骨顶

白琵鹭

水雉

图 3-2  各种涉禽的照片

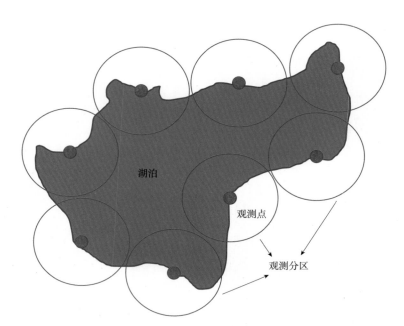

图 3-3　水鸟分区直数法观测分区划分示意图

进行计数；如果水鸟群体较大，或处于飞行、取食、行走等运动状态时，可采用集团估算法，即先目测计数一定数量的个体作为一个小集团，目测估计其大小，然后将此集团推广至整个群体，计数有多少大小与此相似的集团，再转化为个体数（图 3-4）。

　　由于水鸟在同一湿地不同区域间或近邻湿地间不断地移动，故对某个湿地或某几个近邻湿地的水鸟群落进行调查时，一般应同步调查，即根据调查范围的大小安排调查人员，力求在一天内完成调查，以免水鸟在不同区域间移动造成重复计数。各调查组在开展调查时，随时保持联系，对可能重复计数的水鸟或区域及时进行沟通，以避免重复计数。

　　除了样线法和分区直数法以外，还可以依据观测对象和观测要求的不同适当采用网捕法、哄赶法或非损伤性 DNA 检测法等。但这些调查方法一般不能比较全面地反映整个湿地的水鸟组成，而是针对特定的类群或目的而采取的方法。例如，一些生性胆怯的水鸟类群可能会躲藏在芦苇丛或其他水生植被里，这时可采用哄赶法将其赶出躲藏地点，从而进行计数。

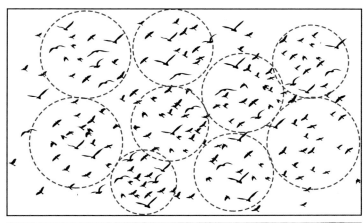

图 3-4　水鸟群体较大时个体数量的集团估算法

　　不管采用何种方法进行水鸟调查，都要在调查之前明确调查目标，制定详细的工作方案，依据调查目的和要求组织调查队伍，并对调查人员开展培训，包括水鸟野外识别、计数技巧及表格填写规范等。一般而言，每一调查小组人数不宜过多，应至少有一名在水鸟野外辨识方面经验丰富的观鸟人员，可以有一至两名辅助队员（图 3-5）。

　　在正式野外调查之前，一般应开展预调查。在预调查中，可以对调查方案、调查路线、记录方式和内容、队员组织等进行充分的预演，及时发现问题、及时解决问题，确保正式调查的顺利进行。

图 3-5　野外水鸟调查

### 3.2.3　本研究的水鸟调查方法

本研究采用分区直数法。

自 2016 年起，本研究在两淮矿区随机选择了 55 个采煤沉陷湿地（图 2-2）作为迁徙期和越冬期水鸟群落的监测样地，总面积达 62.3 km²，占两淮矿区采煤沉陷湿地的 40%。此外，本研究在淮南矿区的 24 个采煤沉陷湿地开展了夏季水鸟群落的监测，这些湿地的总面积为 40.5 km²。根据每个湿地的具体情况，在湿地周围布设 1~6 个观测点，每个观测点的观测范围不相重叠，所有观测区域基本覆盖整个湿地（图 3-6）。在每次正式野外调查中，均到达这些观测点开展观测。

图 3-6　两淮采煤沉陷湿地水鸟观测点（图中黄色图钉所示）

水鸟调查分迁徙期、越冬期和繁殖期。

2015 年 7 月，开展了夏季水鸟的预调查，2015 年 10—12 月，开展了迁徙期和越冬期的预调查。预调查覆盖所有选定的湿地。在预调查中，对调查方案、调查路线、观测样点、记录方式和内容、队员组织、水鸟野外辨识等进行全面的检验，并根据实际情况进行合理的调整。在预调查之后开展水鸟的正式野外调查（表 3-3）。

表 3-3　两淮采煤沉陷湿地水鸟野外调查时间

| 调查时间 | 调查频次 | 调查对象 | 调查覆盖范围 |
| --- | --- | --- | --- |
| 2016 年 9 月至<br>2017 年 4 月 | 每半月 1 次 | 迁徙期和越冬期水鸟 | 55 个采煤沉陷湿地 |
| 2018 年至<br>2020 年每年 1 月 | 每月 1 次 | 越冬期水鸟 | 55 个采煤沉陷湿地 |
| 2017 年 6 月、7 月 | 每月 1 次 | 繁殖期水鸟 | 24 个采煤沉陷湿地 |
| 2021 年 6 月、7 月 | 每月 1 次 | 繁殖期水鸟 | 24 个采煤沉陷湿地 |
| 2021 年 9 月至<br>2022 年 3 月 | 每月 1 次 | 越冬期水鸟 | 55 个采煤沉陷湿地 |

为消除由于观察者不同造成的误差，同一时期的野外调查由同样 2 名经验丰富、水鸟辨识能力较强的研究人员承担。为尽量减少由于水鸟在不同湿地间移动造成的重复计数，淮南、淮北矿区的调查分别在 3 天内完成，同一天内尽可能调查较邻近的湿地。野外调查均在晴朗无风或风速不高的天气进行。

每天的野外调查从日出后半小时开始至日落前半小时结束。当调查队员到达布设的固定观测点后，立即开展观测。先使用双筒望远镜环视观测区域，寻找水鸟并对易辨认及易计数的大型水鸟进行计数，再使用单筒望远镜环视观测区域，对不易辨认的种类进行详细辨认，并对未计数的水鸟进行计数。计数以群为单位，并记录水鸟的行为状态、栖息生境、年龄（幼体 / 亚成体 / 成体）、性别（如果能确定）、观测区域内的干扰类型及强度等信息（附表 I ）。每个观测点的观测时长因观测范围内水鸟数量、辨认难度等有所不同，平均为 20 min。在观测过程中，仅记录在每个观测区域内活动的水鸟，而对从观测区域外飞入的个体不计数。

调查记录到的水鸟以湿地为单位，即将一个湿地范围内所有观测点记录到的水鸟作为一个相对独立的群落。根据不同物种的生态习性，特别是利用资源的类型及方式[247]，将调查到的水鸟分为以下 6 个集团：潜水性鸟类（包括鹳䴙类、鸥鹬类和潜鸭等）、鸭类（主要是鸭科的水鸟）、大型涉禽（包括鹭类、琵鹭类）、小型涉禽（主要是鸻科和鹬科）、植食性拾取类（包括水雉和秧鸡等）和鸥类。潜水性水鸟属于游禽类，一般在较深的水域活动，伺机潜入水下，寻找并捕捉鱼类为食。鸭类是游禽类种类最多的一类，一般在浅水区域觅食（植食性或杂食性），可在浅水区的挺水植物丛中或深水区休憩。大型涉禽一般在滩涂或浅水区活动，以鱼虾等为食，不擅游泳。小型涉禽一般在泥滩或很浅的水域觅食无脊椎动物。植食性拾取类水鸟不擅游泳，一般在水生植物繁茂的区域活动，可在水生植物上行走。鸥类虽为涉禽，但一般在开阔水域上空飞行，伺机猛扑水面捕食鱼类。

## 3.3 数据分析方法

### 3.3.1 群落的排序方法

排序（Ordination）来自拉丁语 *ordinatio* 或德语 *die Ordnung*，是一种多元分析方法，它利用多元数据中分析样本数据体现的模式，可利用群落样本的物种组成数据（样本 × 物种矩阵），将研究区域内的群落，按照物种组成的相似性来排定各群落的位序，从而分析各群落间及其与生境之间的相互关系。用于排序的群落属性数据可以是原始数据（样本 × 物种矩阵），也可以是转换后（如经过海林格（Hellinger）转换）的数据或距离矩阵（样本间距离的样本 – 样本对称矩阵）。

在分析中，通常将每个群落看作这个多维空间中的 1 个点，空间的每个维度由 1 个物种的丰度表示。如图 3–7 所示，两个群落共有 3 个物种，就可将这两个

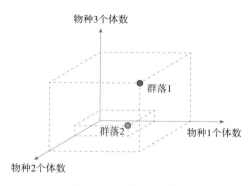

图 3-7　群落排序示例

注：图中的两个群落共有 3 个物种，在这个三维空间中，每个维度就是每个物种的个体数，利用每个群落各物种的个体数可将该群落定位于这个三维空间中的 1 个点位。

群落定位到三维空间（每个物种的丰度作为 1 个维度）中的两个点位，从而分析这两个群落的相互关系[248]。当然，在实际中，很多群落不止 3 个物种，这时多维空间的维度就会大于 3，这个多维空间就不便于展示和分析，此时，需要先降低空间的维数，即减少空间坐标轴的数目，以使分析结果更加直观。要注意，在降维过程中，应尽量减少原始信息的损失。

　　排序的方法很多，可以分为两类，即限制性排序（constrained ordination）和非限制性排序（unconstrained ordination）。限制性排序又称直接梯度分析（direct gradient analysis），是指同时利用群落本身属性（物种组成）和环境因子对群落进行的排序。限制性排序将群落物种组成直接关联到环境因子，可直接检验物种组成与环境因子相互关系的假设。非限制性排序又称间接梯度分析（indirect gradient analysis），是指只利用群落本身属性对其进行的排序。非限制性排序通常用于对数据进行探索性分析，而不能检验物种组成与环境因子相互关系的假设。

　　根据是否使用环境因子以及用于排序的数据类型，排序的具体方法有多种[249]（表 3-4）。根据物种对环境因子梯度响应的假设不同，基于原始数据的排序方法也有所不同。如果物种对环境因子变化的响应是线性的，那么，采用 PCA 或 RDA 分析；如果物种对环境因子变化的响应是单峰型的，即物种个体数在环境因子梯度中间位置时比较多，那么采用 CA 或 DCA 分析。

表 3-4　群落排序的方法

| | 原始数据 | | 转换后的数据 | 距离矩阵 |
| --- | --- | --- | --- | --- |
| | 线性 | 单峰的 | | |
| 非限制性排序 | 主成分分析（PCA） | 对应分析（CA）/ 去趋势对应分析（DCA） | 基于转换后数据的主成分分析（tb-PCA） | 主坐标分析（PCoA）/ 非度量多维尺度分析（NMDS） |
| 限制性排序 | 冗余分析（RDA） | 典范对应分析（CCA）/ 去趋势典范对应分析（DCCA） | 基于转换后数据的冗余分析（RDA） | 典型变量分析（db-RDA） |

本研究采用限制性排序的方法直接对所调查的 55 个采煤沉陷湿地水鸟群落进行分析，并将其与环境因子进行关联，以分析环境因子对水鸟群落变化的作用。排序是以水鸟群落的功能集团为基础进行的。先利用去趋势对应分析（DCA）检验水鸟集团对环境因子变化的响应模式，以决定采用线性还是单峰模型。DCA的分析结果显示，在所有季节中，DCA 的第一轴长度都小于 3 倍标准差，表明水鸟集团数据的异质性较低[249]。因此，本研究采用线性模型的冗余分析（RDA）对水鸟集团进行排序，探究其与环境因子之间的关系。

RDA 分析是多元回归分析的一种拓展，可用于检验多个环境因子对一组因变量的效应，其排序轴即为多个环境因子的线性组合。在 RDA 分析中，环境因子可以是数值型变量，也可以是属性变量或二值化变量。如同在 PCA 分析中一样，RDA 分析中的数值型变量需要标准化和正态化转换，并降低变量间的共线性。在群落生态学研究中，RDA 分析常被用于检验一组环境因子对整个生物群落的影响，而不仅限于对物种丰富度的影响。

在本研究的 RDA 分析中，多元线性回归与主成分分析相结合，以水鸟集团的矩阵为因变量，以环境因子为自变量（排序轴），检验二者之间的相关关系。因变量经 Helligner 转换以满足 RDA 分析的前提假设[250]。在分析中，自变量的选择采用向前选取法，选取出对水鸟群落集团结构具有显著影响的环境因子。进入 RDA 模型的环境因子按其对水鸟群落集团结构的贡献大小进行排序，并使用

Monte Carlo 检验（9999 次置换）选取最终进入模型的环境因子（$p < 0.05$）。此外，在 RDA 分析得到校正 $R^2$ 值的基础上，本研究还采用方差分解法将环境因子对水鸟群落的单独效应及综合效应分离开[251, 252]。由于该方法最多同时分析 4 个（类）环境因子，本研究将所测的 11 个环境因子归为 4 类，即局域尺度结构因子、地区尺度景观结构因子、湿地年龄及人为干扰。

### 3.3.2　群落嵌套的分析方法

为了检验物种生活史特征对水鸟群落嵌套结构的影响，本研究选取了 5 个特征，即身体大小、窝卵数、扩散率、空间分布范围和居留型。这些特征与水鸟的灭绝风险和定居有直接或间接的关系[253, 254]。身体大小以体长计（mm）[255]；窝卵数为物种每窝卵数的中位数[256]；扩散率是物种运动能力的一个指标，计算方法为物种的平均翅长（mm）除以其平均体重（g）的三次方根[255, 257, 258]；空间分布范围（$km^2$）由已发表的物种分布范围电子化而得到[259]；居留型分为留鸟（1）、旅鸟（2）、冬候鸟（3）和夏候鸟（4）[260]。以上物种特征信息全部来自《中国鸟类志》[261] 和《中国鸟类分类与分布名录》[262]。若某个特征数据是特定范围而不是平均值，则取其上下限的算术平均值[258]。

本研究采用基于重叠和递减填充的加权嵌套度量指数（WNODF）量化采煤沉陷湿地水鸟群落的嵌套结构[263]。WNODF 是测度集合群落嵌套结构的一种直接的方法，它使用物种个体数量的数据（而不是存在－不存在的数据）进行计算，因此，该指数与嵌套结构的定义和由此而来的预期是相符的。具体计算过程如下：

给定一个 $m \times n$ 的矩阵。设 $F$ 是某行 $r_i$ 或某列 $c_i$ 中非零数值的个数，若 $F(c_i) > F(c_j)$（$j > i$），则相应的两列 $c_i$、$c_j$ 之间的嵌套大于 0；相反，若 $F(c_i) < F(c_j)$，则二者之间的嵌套为 0。该两列的成对嵌套的加权值计算为：$c_j$ 中比 $c_i$ 中同一行的单元格具有更低值的单元格的百分比。对所有列而言，其嵌套值 $WNODFc$ 的计算为公式 3-1：

$$WNODFc = 100 \sum_{i=1}^{n-1} \sum_{j=i+1}^{n} \frac{k_{ij}}{N_j}　　　　公式 3-1$$

式中：$k_{ij}$ 为 $c_j$ 中较低值的数量，$N_j$ 是 $c_j$ 中非零值的总数。同样地，若 $F(r_i) > F(r_j)$（$j > i$），则相应的两行 $r_i$、$r_j$ 之间的嵌套大于 0；若 $F(r_i) < F(r_j)$，则二者

之间的嵌套为 0。依照列之间嵌套的计算方法，也可以计算出两行之间成对嵌套的加权值以及所有行的嵌套值 WNODFr。最后，该矩阵的嵌套值 WNODF 的计算为公式 3-2：

$$WNODF = \frac{2\,(WNODFc + WNODFr)}{m\,(m-1) + n\,(n-1)}$$ 公式 3-2

本研究计算 *WNODFc* 量化群落间的嵌套，计算 *WNODFr* 量化物种间的嵌套，并构建 1000 个零模型，分别计算 *WNODF*、*WNODFc* 及 *WNODFr*。在零模型中，各行、各列的物种个体总数与观测值保持一致[263]。以上指数使用 NODF* 2.0 进行计算。

随机置换模型常被用来检验嵌套结构形成的被动采样假说[101, 264]。本研究也采用随机置换模型检验采煤沉陷湿地水鸟群落的嵌套结构是否仅由被动采样造成。在该模型中，某湿地（群落）物种数 $S_{(\alpha)}$ 取决于该湿地的面积大小（ $\alpha = a_k / \sum_{(k=1)}^{K} a_k$ ），各物种的个体数为 $n_1$, $n_2$, $\cdots$, $n_s$, $S_{(\alpha)}$ 的方差为：$\sigma^2\,(\alpha) = \sum_{(i=1)}^{S}\,(1-\alpha)^{n_i} - \sum_{(i=1)}^{S}\,(1-\alpha)^{2n_i}$，若 1/3 的点落在种 - 面积曲线的标准差范围之外，则拒绝被动采样的假设[265]。

群落或物种依据 WNODF 的排序可与多个独立变量进行对比，从而评价各变量在嵌套形成中的作用[266]。为了检验湿地环境变量对群落嵌套的影响，采用 Spearman 等级相关法分析湿地排序与其环境变量之间的关系。类似地，为了检验物种生活史特征对嵌套的贡献，采用 Spearman 等级相关法分析物种排序与物种特征之间的关系。由于物种生活史特征之间存在共线性，采用偏 Spearman 等级相关法分离各特征的独立贡献[94, 102]。

### 3.3.3　物种分类多样性分析方法

在每个物候期内，利用 R 包 *ape* 和 *picante* 对各个采煤沉陷湿地的水鸟群落进行多维度（分类、功能和谱系）多样性指数的计算[267, 268]。

物种丰富度（SR）以物种数计；群落物种分类多样性使用 Rao 二次熵数学框架下的辛普森（Simpson）指数[269, 270]，其计算方法为公式 3-3：

$$Q = \sum_{(i=1)}^{S} \sum_{(j=1)}^{S} p_i\, p_j\, d_{ij}$$ 公式 3-3

式中：$S$ 为某群落物种总数，$d_{ij}$ 为该群落中物种 $i$ 和物种 $j$ 之间的距离，$p_i$ 和 $p_j$ 分别是物种 $i$ 和 $j$ 个体数占群落总个体数的百分比。Rao 指数引入 $d_{ij}$，表明物种间的距离可以不等，$d_{ij}$ 可以是物种间功能上的距离，也可以是物种间谱系上的距离。当 $d_{ij}=1$（$i \neq j$）时，Rao 指数即为 Simpson 指数，此时，群落内各物种间的距离相等[271]。

### 3.3.4　功能和谱系多样性分析方法

物种在生态系统中发挥多种生态功能，一般采用物种的多种特征来量化其生态功能。物种功能特征的选择决定了群落的功能多样性，但物种特征的选择没有一定的标准，也无法通过功能特征量化物种在生态系统中的所有功能。为了便于在不同研究之间的比较，Petchey 和 Gaston[272]建议选择相同的功能特征。

本研究与 Petchey 等[141]和 Jia 等[82]的研究一致，选取 4 个功能特征对采煤沉陷湿地水鸟群落的功能多样性进行测算：1 个连续型数据变量（体重，g）和 3 个分类变量（主要食物类型、主要采食方式、主要采食基质）。体重与物种的资源需求量紧密相关，在本研究中取文献中记载的均值；主要食物类型分为脊椎动物、无脊椎动物和植物；主要采食方式分为追捕、拾取、捕获、放牧、挖取、食腐和探取；主要采食基质分为水体、泥滩和草地。分类变量作 0、1 处理（表3-5）。由于一个物种可能的食物类型不止一种，采食方式和基质也可能不止一种，因此，这些分类变量的取值不具有排他性。以上所有功能特征的数据来源于世界鸟类手册[66, 67]。

表 3-5　用于测度采煤沉陷湿地水鸟群落功能多样性的物种功能特征

| 功能特征类型 | 功能特征 | 数值类型 | 系统演化信号① | $p_{Brownian}$ | $p_{random}$ |
|---|---|---|---|---|---|
| 资源需求量 | 体重 | 连续型数值变量 | $\lambda=0.996$ | | <0.001 |
| 主要食物类型 | 脊椎动物 | 二值型变量 | D=−0.39（$N=18$） | 0.846 | <0.001 |
| | 无脊椎动物 | 二值型变量 | D=−0.27（$N=23$） | 0.772 | <0.001 |
| | 植物 | 二值型变量 | D=−0.32（$N=17$） | 0.799 | <0.001 |

（续）

| 功能特征类型 | 功能特征 | 数值类型 | 系统演化信号① | $p_{\text{Brownian}}$ | $p_{\text{random}}$ |
|---|---|---|---|---|---|
| 主要采食方式 | 追捕 | 二值型变量 | D=-0.09（N=6） | 0.567 | 0.007 |
| | 拾取 | 二值型变量 | D=0.02（N=28） | 0.454 | <0.001 |
| | 捕获 | 二值型变量 | D=-1.05（N=12） | 0.991 | <0.001 |
| | 放牧 | 二值型变量 | D=-0.18（N=14） | 0.692 | <0.001 |
| | 挖取 | 二值型变量 | D=0.75（N=6） | 0.084 | 0.197 |
| | 食腐 | 二值型变量 | D=-2.43（N=2） | 0.906 | 0.002 |
| | 探取 | 二值型变量 | D=0.44（N=7） | 0.192 | 0.038 |
| 主要采食基质 | 水体 | 二值型变量 | D=-0.48（N=35） | 0.875 | <0.001 |
| | 泥滩 | 二值型变量 | D=-0.14（N=19） | 0.671 | <0.001 |
| | 草地 | 二值型变量 | D=1.04（N=9） | 0.007 | 0.522 |

注：① N 值表示取该值的物种数。

在计算每个采煤沉陷湿地水鸟群落的功能多样性前，先采用高尔（Gower）指数计算群落内任意两对物种间的功能相异性。当采用的物种功能特征既含有连续型数值变量，又含有分类变量时，Gower 指数比较适用[271]。在计算物种间功能相异性的基础上，采用非加权组平均法（UPGMA）构建群落物种功能树状图（附图Ⅳ）[273]。在计算谱系多样性时，先从 BirdTree 网站（http：//birdtree.org）下载 2000 个涵盖本研究所有物种的系统发生树，并用 SumTrees 将这些系统发生树汇总，从而生成一个用于计算谱系多样性的系统发生树（附图Ⅴ）[274]。在功能树和系统发生树的基础上，分别计算以下 2 个个体数加权的指数：平均成对距离（MPD）和平均最近分类单元距离（MNTD）。MPD 为群落内所有物种两两之间功能或谱系距离的平均值，表征了群落内物种功能或谱系上的总体差异；MNTD 为所有物种功能或谱系上最近邻距离的平均值，表征了群落内终端聚集的程度[275]。

为了检验采煤沉陷湿地水鸟群落在功能上与谱系上是聚集的还是发散的，本研究在每个时期为每个群落构建了 999 个随机群落模型，并将其平均值与每个群落的实测值进行比较。所构建的随机群落中，物种数和发生频次与实测群落相同，物种库即为整个研究中各时期记录到的所有物种[276]。对于 MPD 与 MNTD，均按下式标准化：

$$标准化 \, MPD \, 或 \, MNTD = (M_{null} - M_{obs})/SD_{null} \qquad 公式 3\text{-}4$$

式中：$M_{null}$ 为 999 个模拟群落 MPD 或 MNTD 的均值，$M_{obs}$ 为水鸟群落 MPD 或 MNTD 的实测值。标准化的 MPD 也称为最近相对指数（NRI），标准化的 MNTD 也称为最近分类指数（NTI），分别量化功能树或谱系树上总体的及末端的物种聚散程度。NRI 或 NTI 大于 0 时，表明群落功能上或谱系上聚集，而 NRI 或 NTI 小于 0 时，其功能或谱系上呈发散状态[123, 128]。

群落物种的谱系多样性与所选功能特征的系统演化信号紧密相关[132]。因此，本研究计算了所选功能特征的系统演化信号来测度与物种间谱系关系相关的功能特征间的统计独立性，如果功能特征紧密相关，则其系统演化信号具有较高的相似性[277]。本研究采用统计值 D 测度分类变量的系统演化信号，D 值越小，表明该特征在进化上越保守，也即系统演化信号超强[278]。若 D 值趋于 0，则该功能特征的分布服从进化的布朗运动模型，即保守特征进化；若 D < 0，则该功能特征为高度聚集的；若 D ≥ 1，则该功能特征为随机分布（无信号），在系统发生树上呈发散状态。

对于连续型数值变量（即体重），本研究采用 Pagel 的 λ 值测度其系统演化信号[279, 280]。当 λ=0 时，说明体重的进化与系统演化没有关系；如果体重的进化服从系统发生的布朗运动模型，则 λ=1；当 0 < λ < 1 时，说明体重的进化过程中，系统发生的作用比布朗运动模型预测的弱[280]。系统演化信号的计算及其检验由 R 包 caper 完成[281]。

采用 R 包 nlme 执行重复测量的方差分析，检验物种丰富度、物种分类多样性、MPD、MNTD 在季节间的差异[282]，季节间的多重比较采用 Bonferroni 校正的事后 Tukey 检验。采用独立样本 t 检验分析 NRI 和 NTI 与 0 的差异显著性，在随机模型中，二者与 0 无显著差异。采用层次分割法分析各环境变量对 NRI 和 NTI 变异的贡献[283, 284]。在应用层次分割法时，解释变量的所有可能组合都

在一个层次中予以考虑，针对每个模型计算其适合度（$R^2$），对于每个变量，其效应的显著性都由 1000 次迭代的随机过程确定。层次分割法由 R 包 *hier.part* 实现[284, 285]。

### 3.3.5 生物群落 β 多样性分析方法

本研究在 Villéger 等[159]提出的框架下（图 3-8），对两淮采煤沉陷湿地水鸟群落的 β 分类多样性和 β 功能多样性进行了计算，并将其分解成周转和嵌套组分，以期了解水鸟群落间分类和功能相异性的原因及群落构建的机制。

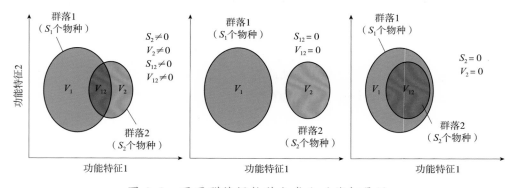

图 3-8  两两群落间物种分类和功能相异性

注: 为便于显示，展示由 2 个功能特征构成的功能空间。$S_1$ 和 $S_2$ 分别是群落 1 和 2 的物种数，$S_{12}$ 是两个群落共有的物种数，$V_1$ 和 $V_2$ 分别是群落 1 和 2 在功能空间中占据的体积，$V_{12}$ 是两群落在功能空间中凸多面体交叠部分的体积。

预期结果为：①因为更丰富的物种可能会具有更丰富的功能，因此，分类多样性与功能多样性（$\alpha$ 和 $\beta$ 多样性）彼此间呈正相关；②因为环境筛选导致群落内物种功能的聚集[5]，而不同湿地具有不同的环境，因而，$\beta$ 功能多样性高于 $\beta$ 分类多样性；③由于水鸟较强的运动能力使其能较快地到达更多样的环境，因此，$\beta$ 分类多样性主要由物种周转而形成；而不同湿地的不同环境对水鸟进行筛选，从而使功能特征在湿地间有所增减[152]，因而，$\beta$ 功能多样性主要由功能嵌套形成；④由于环境筛选可能使功能特征发生聚集，因而，$\alpha$ 功能多样性低于随机模型的预测值；⑤由于不同湿地具有不同环境，筛选的功能特征有所差异，因而，大多数两两配对的 $\beta$ 功能多样性高于随机模型的预测值。

仿照 Villéger 等[159]，本研究采用索伦森（Sørensen）相异性指数测度两两群落间的 $\beta$ 分类多样性（$\beta_{\mathrm{sor}}$，公式 3-5），即两群落间物种组成上的差异。仿照 Baselga[286]，将 $\beta$ 分类多样性分解为物种周转（$\beta_{\mathrm{sim}}$，公式 3-6）和嵌套（$\beta_{\mathrm{sne}}$，公式 3-7）两个组分。$\beta$ 分类多样性及其功能周转和嵌套组分的计算及分解由 R 包 *betapart* 完成。

$$\beta_{\mathrm{sor}} = \frac{S_1 + S_2}{2S_{12} + S_1 + S_2} \qquad\qquad 公式\ 3\text{-}5$$

$$\beta_{\mathrm{sor}} = \frac{\min\ (S_1,\ S_2)}{S_{12} + \min\ (S_1,\ S_2)} \qquad\qquad 公式\ 3\text{-}6$$

$$\beta_{\mathrm{sne}} = \beta_{\mathrm{sor}} - \beta_{\mathrm{sim}} = \frac{|\,S_1 - S_2\,|}{2S_{12} + S_1 + S_2} \times \frac{S_{12}}{S_{12} + \min\ (S_1,\ S_2)} \qquad 公式\ 3\text{-}7$$

式中：$S_1$ 和 $S_2$ 分别是群落 1 和 2 的物种数，$S_{12}$ 是两个群落共有的物种数（图 3-8）。$\beta$ 分类多样性及其两个组分取值为 0~1，取值越大，说明两个群落间的物种组成差异越大[158]。当一个群落的物种全部包含于另一个群落时（即 $S_1=0$ 或 $S_2=0$），物种周转的取值为 0；当两个群落没有共同的物种时（即 $S_{12}=0$），物种周转的取值为 1。当两个群落特有的物种数相等时（即 $S_1=S_2$）或没有共同的物种时（即 $S_{12}=0$），嵌套组分的取值为 0；当一个群落中的物种仅是另一个群落物种组成的一小部分时［即 $\max\ (S_1,\ S_2) \gg \min\ (S_1,\ S_2) = 0$］，嵌套组分的取值接近 1。

为了计算功能多样性，首先使用 R 包 *FD* 基于 Gower 距离计算所有物种两两之间的功能相异性，得到物种间功能距离矩阵。Gower 距离适用于同时包含分类变量和连续型数值变量的计算[287]。根据 Maire 等[288]，对所构建的功空间质量进行评价。具体而言，采用 Mantel 检验分析物种在此功能空间中的欧氏距离与物种间 Gower 功能距离，以此评价主坐标分析降维而造成的信息损失对物种间功能距离的影响。

在功能距离矩阵的基础上，进行主坐标分析（PCoA），所得的前 3 个主坐标用于构建多维功能空间[160, 289]。在此多三维的功能空间中，每个物种由其综合的功能特征进行定位。群落的 $\alpha$ 功能多样性定义为：在此功能空间中，该群落内所有物种所形成的凸多面体的体积[113, 160]。仿照 Villéger 等[290]，与计算 $\beta$ 分类多样性类似，以此功能空间中两两群落所形成的凸多面体的重叠与特有部分计算其 $\beta$ 功能多样性（图 3-8，公式 3-8），并将其分解为功能周转（$\beta'_{sim}$，公式 3-9）和功能嵌套（$\beta'_{sne}$，公式 3-10）两个组分[286]。

$$\beta'_{sor} = \frac{V_1 + V_2}{2V_{12} + V_1 + V_2} \qquad\qquad 公式\ 3\text{-}8$$

$$\beta'_{sim} = \frac{\min\ (V_1,\ V_2)}{V_{12} + \min\ (V_1,\ V_2)} \qquad\qquad 公式\ 3\text{-}9$$

$$\beta'_{sne} = \beta'_{sor} - \beta'_{sim} = \frac{|V_1 - V_2|}{2V_{12} + V_1 + V_2} \times \frac{V_{12}}{V_{12} + \min\ (V_1,\ V_2)} \qquad 公式\ 3\text{-}10$$

式中：$V_1$ 和 $V_2$ 分别是群落 1 和 2 的物种功能特征空间大小，$V_{12}$ 是两个群落共有的特征空间大小（图 3-8）。$\beta$ 功能多样性及其两个组分取值为 0~1，取值越大，说明两个群落间的物种功能特征差异越大[159]。当一个群落的物种功能特征全部包含于另一个群落时（即 $V_1=0$ 或 $V_2=0$），功能特征周转的取值为 0；当两个群落没有共同的物种功能特征时（即 $V_{12}=0$），功能特征周转的取值为 1。当两个群落特有的物种功能特征空间大小相等时（即 $V_1=V_2$）或没有共同的物种功能特征空间时（即 $V_{12}=0$），功能嵌套的取值为 0；当一个群落中的物种功能特征仅是另一个群落物种功能特征空间的一小部分时（即 $\max\ (V_1,\ V_2) \gg \min\ (V_1,\ V_2) = 0$），功能嵌套的取值接近 1。

　　利用 R 包 *nlme* 执行重复测量的方差分析，结合 Bonferroni 校正的事后 Tukey 检验，比较 $\beta$ 分类与功能多样性在季节间的差异性。利用皮尔逊（Pearson）相关分析 $\alpha$ 分类多样性与 $\alpha$ 功能多样性之间的相关性及其显著性。利用 Mantel 检验分析 $\beta$ 分类多样性及其各组分与 $\beta$ 功能多样性及其各组分之间的相关关系；此外，为消除空间自相关的影响，利用偏 Mantel 检验分析控制群落间空间距离后的相关性。在 Mantel 检验和偏 Mantel 检验中，计算 Pearson 相关系数表征其相关的性质和程度，并利用 9999 次迭代检验相关系数的显著性。利用 Bonferroni 校正的配对 $t$ 检验分析 $\beta$ 分类多样性及其组分与 $\beta$ 功能多样性及其组分间的差异。

　　为检验 $\alpha$ 与 $\beta$ 功能多样性的观测值是否由随机过程产生，依据 Villéger

等[159]，将功能多样性的观测值与随机模型的预测平均值进行比较。首先，从地区物种库（每个季节记录到的所有物种）中随机不放回地抽取物种（与各群落物种数相等），为每个湿地构建 999 个随机群落，并计算其 $\alpha$ 功能多样性的平均值。利用 Bonferroni 校正的 $t$ 检验比较 $\alpha$ 功能多样性的观测值与预测平均值之间的差异。若 $\alpha$ 功能多样性由随机过程产生，则共观测值与预测平均值无显著差异。若 $\alpha$ 功能多样性的观测值显著地低于预测平均值，则采煤沉陷湿地的水鸟群落呈功能聚集；相反，若观测值显著地高于预测平均值，则群落呈功能发散。

其次，对于 46 个采煤沉陷湿地的水鸟群落，总计有 1035 个两两配对。从地区物种库中随机抽取物种，为每个配对构建 999 个随机配对，配对的随机群落与相应的真实群落有相同的物种数，且随机群落共有的物种数和特有的物种数与真实情况相同。这种随机群落配对的构建方法使其 $\beta$ 分类多样性及组分与真实群落相同。计算每个随机群落配对的 $\beta$ 功能多样性及其功能周转和嵌套组分，并利用 Bonferroni 校正的 $t$ 检验分析其平均值与实测值的差异，然后利用卡平方适合度检验分析 $\alpha$ 功能多样性实测值低于随机预测平均值的湿地数量比例是否大于 50%，以及 $\beta$ 功能多样性及其组分的实测值高于预测平均值的湿地配对数比例是否大于 50%。

# 第4章
# 两淮采煤沉陷湿地水鸟群落结构及动态

## 4.1 物种组成

自 2016 年以来，本研究在两淮采煤沉陷湿地累计记录到水鸟 69 种，隶属于 7 目 13 科（附表 II 和 III）。按照物种数的多少，依次排列各目如下：雁形目（1 科 24 种）、鸻形目（6 科 21 种）、鹈形目（2 科 13 种）、鹤形目（1 科 7 种）、䴙䴘目（1 科 2 种）、鲣鸟目（1 科 1 种）和潜鸟目（1 科 1 种）。

两淮采煤沉陷湿地位于东亚 – 澳大利西候鸟迁徙路线上（图 4-1），该条迁徙路线上共记录水鸟 200 余种[291]。根据本研究的野外调查，采煤沉陷湿地吸引了该候鸟迁徙路线上大量的迁徙水鸟，种类占该迁徙路线上所有水鸟种类的 35.0%。据《安徽省鸟类图志》，安徽省记录的水鸟有 129 种，本研究记录到的种类占其 53.5%；其中，黑喉潜鸟 Gavia arctica 为本研究记录到的安徽省新记录，已收录入《安徽省鸟类图志》[292]。

### 4.1.1 繁殖季

繁殖季记录到水鸟 30 种，隶属于 5 目 10 科（表 4-1）。其中，鹭科物种数最多，为 11 种，其次为秧鸡科（6 种），而反嘴鹬科、鹬科、燕鸻科、水雉科的物种数仅为 1 种。按生态习性（特别是利用资源的类型及方式）划分的集团中，大型

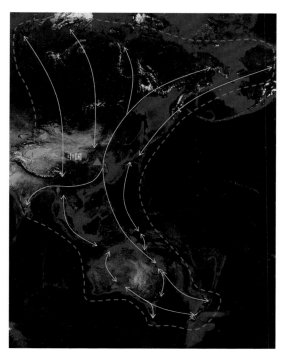

图 4-1　两淮采煤沉陷湿地在东亚 – 澳大利西候鸟迁徙路线上的位置
（红色三角形）

涉禽有 10 种，包括鹭和苇鳽；植食性拾取类有 7 种，包括水雉和秧鸡等；小型涉禽有 6 种，主要是鸻鹬类；潜水性鸟类、鸭类和鸥类均为 2 种。

表 4-1　两淮采煤沉陷湿地繁殖期水鸟群落物种组成

| 目 | 科 | 物种数 | 目 | 科 | 物种数 |
| --- | --- | --- | --- | --- | --- |
| 鸻形目 | 鸻科 | 3 | 鹤形目 | 秧鸡科 | 6 |
| | 鸥科 | 2 | 鹈形目 | 鹭科 | 11 |
| | 反嘴鹬科 | 1 | 雁形目 | 鸭科 | 2 |
| | 鹬科 | 1 | 鸊鷉目 | 鸊鷉科 | 2 |
| | 燕鸻科 | 1 | | | |
| | 水雉科 | 1 | | | |

### 4.1.2 越冬季

越冬季记录到水鸟 62 种，隶属于 7 目 12 科（表 4-2）。其中，鸭科物种数最多，为 24 种，其次为鹭科（9 种）和鹬科（9 种），而潜鸟科、鸬鹚科、鹮科、水雉科和反嘴鹬科的物种数仅为 1 种。两淮采煤沉陷湿地水鸟个体密度为 159 只 /km$_2$，高于江淮流域除升金湖以外的同期其他湖泊湿地（表 4-3）。

表 4-2　两淮采煤沉陷湿地越冬期水鸟群落物种组成

| 目 | 科 | 物种数 | 目 | 科 | 物种数 |
|---|---|---|---|---|---|
| 潜鸟目 | 潜鸟科 | 1 | 鸻形目 | 水雉科 | 1 |
| 䴙䴘目 | 䴙䴘科 | 2 | | 反嘴鹬科 | 1 |
| 鲣鸟目 | 鸬鹚科 | 1 | | 鸻科 | 5 |
| 鹈形目 | 鹭科 | 9 | | 鹬科 | 9 |
| | 鹮科 | 1 | | 鸥科 | 4 |
| 雁形目 | 鸭科 | 24 | 鹤形目 | 秧鸡科 | 4 |

表 4-3　两淮采煤沉陷湿地与江淮流域湖泊湿地同期越冬水鸟
物种数与个体密度对比

| 湿地 | 湿地类型 | 保护级别 | 调查面积（km$^2$） | 调查时间 | 水鸟物种数 | 水鸟数量 | 水鸟密度（只 /km$^2$） |
|---|---|---|---|---|---|---|---|
| 两淮沉陷湿地 | 采煤沉陷湿地 | 无 | 62.26 | 2017/1/19 | 37 | 9894 | 159 |
| 长江流域 | | | | | | | |
| 升金湖 | 自然 | 国际重要湿地、国家级自然保护区 | 133 | 2015/1/12 | 42 | 38564 | 290 |
| 菜子湖 | 自然 | 省级自然保护区 | 226 | 2017/1/15 | 36 | 27035 | 120 |
| 黄大湖 | 自然 | 省级自然保护区 | 267 | 2015/1/12 | 21 | 12072 | 45 |
| 白荡湖 | 自然 | 无 | 47 | 2015/1/12 | 18 | 7263 | 155 |

（续）

| 湿地 | 湿地类型 | 保护级别 | 调查面积（km²） | 调查时间 | 水鸟物种数 | 水鸟数量 | 水鸟密度（只/km²） |
|---|---|---|---|---|---|---|---|
| 淮河流域 | | | | | | | |
| 沱湖 | 自然 | 省级自然保护区 | 49.1 | 2016/1/13 | 15 | 7065 | 144 |
| 瓦埠湖 | 自然 | 无 | 62.4 | 2016/1/19 | 14 | 5736 | 92 |

据 2015 年 1 月开展的长江中下游越冬水鸟同步调查结果，在长江中下游 5 省 1 市（湖北、湖南、江西、安徽、江苏、上海）湿地越冬的水鸟种类有 81 种；其中，在安徽省长江中下游湿地中越冬的水鸟有 55 种[293]。在本研究记录到的越冬水鸟中，有 16 种未在 2015 年安徽省的同步调查中记录到，有 5 种未在 2015 年长江中下游的同步调查中记录到，分别是黑喉潜鸟 *Gavia arctica*、黄斑苇鳽 *Ixobrychus sinensis*、白眉鸭 *Spatula querquedula*、鸳鸯 *Aix galericulata* 和小田鸡 *Zapornia pusilla*。而 2015 年长江中下游同步调查记录到的越冬水鸟中有 24 种未在本研究中记录到，2015 年安徽省同步调查记录到的越冬水鸟中有 11 种未在本研究中记录到（图 4-2）。

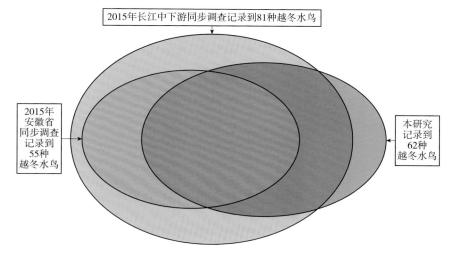

图 4-2　2015 年长江中下游 5 省 1 市越冬水鸟同步调查与本研究记录到的越冬水鸟物种数

按生态习性划分的集团中，潜水性鸟类有 10 种，包括鸊鷉类、鸬鹚类和潜鸭等；鸭类有 18 种，都为鸭科的水鸟；大型涉禽有 10 种，包括鹭类、琵鹭类；小型涉禽有 15 种，主要是鸻科和鹬科的鸟类；植食性拾取类有 5 种，包括水雉和秧鸡等；鸥类有 4 种，包括鸥科和燕鸥科的鸟类。

## 4.2　居留型

就全年而言，两淮采煤沉陷湿地的水鸟群落由不同居留型的物种组成，其中，冬候鸟种类最多，占 41%，迷鸟最少，仅占 1%（图 4-3a）；在越冬季，冬候鸟种类占 45%，其次为旅鸟（32%），迷鸟最少（2%；图 4-3b），在繁殖季，夏候鸟种类占 43%，其次为冬候鸟（23%），旅鸟和留鸟种类数相等，均占 17%（图 4-3c）。

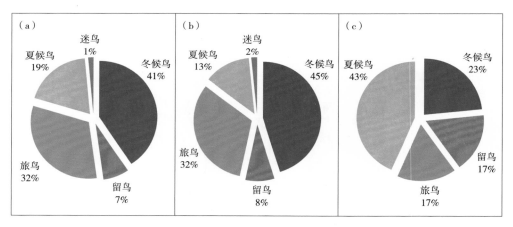

图 4-3　两淮采煤沉陷湿地水鸟的居留型组成

注：（a）全年；（b）越冬季；（c）繁殖季。

从居留型来看，两淮采煤沉陷湿地的水鸟群落中，留鸟种类较少，仅为 5 种，在越冬季和繁殖季均被记录到；候鸟种类较多，是水鸟群落的主要组成部分。由此可见，两淮采煤沉陷湿地主要吸引了东亚－澳大利西亚迁徙路线上的候鸟，为其提供补偿性的栖息地。此外，在越冬季记录到不少夏候鸟（8 种），而在繁殖季也记录到不少冬候鸟（7 种），其可能的原因在于：①越冬季的调查从 9 月底开始，到 4 月初结束，从而记录到了一些秋季还未南迁或春季较早到达的物种，如须浮鸥、黄苇鳽等；②环境条件的改变，尤其是气候的改变，可能导致一些物种的居留特征发生了改变，如夏候鸟夜鹭在整个冬季都有较大种群在此越冬，而环颈鸻、白骨顶等冬候鸟也在此繁殖。

## 4.3　区系特征

在两淮采煤沉陷湿地栖息的水鸟以古北型和广布型为主，古北型种类占 60% 以上，而东洋型种类较少，尤其是越冬季（图 4-4）。

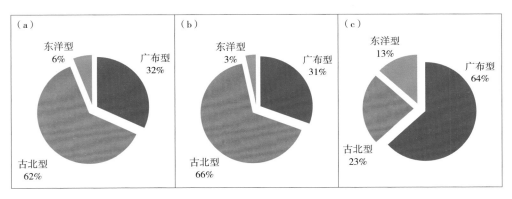

图 4-4　两淮采煤沉陷湿地水鸟的区系组成

注：（a）全年；（b）越冬季；（c）繁殖季。

王岐山[204]根据地理环境和陆生脊椎动物的空间分布，自北向南，将安徽省划分为淮北平原区、江淮丘陵区、大别山区、沿江平原区和皖南山区等 5 个地理区。安徽省鸟类物种组成兼有古北界和东洋界的特征，并自北向南，东洋界物种的比例逐渐增加，仅淮北平原区属于古北界华北区，其古北型种类多于东洋型。两淮矿区主要位于淮河以北，为古北界与东洋界交汇区，该区域的水鸟种类以古北界物种和广布种为主，尤其是在越冬季，古北界物种占全部种类的 66%，这与该地区动物区系偏向于古北界的基本特征相符[292]。在冬季，来此越冬的种类基本都属于古北界物种，从其北方的繁殖地迁徙至此，并在春、夏季返回其繁殖地。

## 4.4　生态型

就全年而言，两淮采煤沉陷湿地中涉禽种类略多，而越冬季游禽略多，繁殖季涉禽种类显著多于游禽（图4-5）。

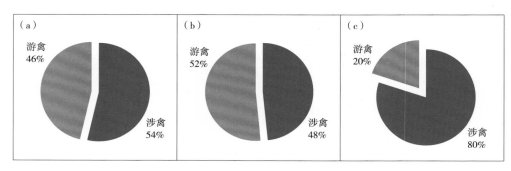

图 4-5　两淮采煤沉陷湿地水鸟的生态型组成

注：（a）全年；（b）越冬季；（c）繁殖季。

两淮地区繁殖季的水鸟以涉禽为主（24种），特别是鹭类，种类较多，达11种；而进入越冬季，随着鸭科水鸟（24种）迁来越冬或停歇，两淮地区的游禽种类增多，并超过涉禽。这说明了两淮采煤沉陷湿地可以在不同季节为不同生态类型的水鸟提供栖息地，夏季主要为涉禽提供繁殖场所，而冬季则为游禽提供越冬地或迁徙停歇地。

## 4.5　常见物种

根据历次野外调查的水鸟个体数量统计，在两淮采煤沉陷湿地，繁殖期的优势物种为须浮鸥、黑水鸡、小䴘䴘、白鹭、夜鹭等，其相对数量比例分别为23.8%、16.8%、13.7%、9.2% 和7.6%，遇见率较高的物种分别为小䴘䴘、黑水鸡、须浮鸥、池鹭和黄苇鳽，在80%以上的湿地中均有记录；越冬季的优势物种为白骨顶、绿翅鸭、绿头鸭、小䴘䴘和普通鸬鹚，其相对数量比例分别为41.1%、10.4%、5.6%、5.3% 和4.3%，遇见率较高的物种分别为小䴘䴘、黑水鸡、白鹭、苍鹭、凤头䴘䴘、大白鹭和中白鹭，在80%以上的湿地中均有记录（表4-4）。

表 4-4 两淮采煤沉陷湿地常见水鸟物种个体数相对
百分比及遇见率（前 10 位）

| 个体数相对百分比（%） | | | | 遇见率（%） | | | |
|---|---|---|---|---|---|---|---|
| 繁殖季 | | 越冬季 | | 繁殖季 | | 越冬季 | |
| 须浮鸥 | 23.8 | 白骨顶 | 41.1 | 小䴙䴘 | 92.1 | 小䴙䴘 | 100.0 |
| 黑水鸡 | 16.8 | 绿翅鸭 | 10.4 | 黑水鸡 | 92.1 | 黑水鸡 | 90.9 |
| 小䴙䴘 | 13.7 | 绿头鸭 | 5.6 | 须浮鸥 | 89.5 | 白鹭 | 89.1 |
| 白鹭 | 9.2 | 小䴙䴘 | 5.3 | 池鹭 | 84.2 | 苍鹭 | 89.1 |
| 夜鹭 | 7.6 | 普通鸬鹚 | 4.3 | 黄苇鳽 | 81.6 | 凤头䴙䴘 | 81.8 |
| 池鹭 | 4.7 | 斑嘴鸭 | 4.0 | 白鹭 | 78.9 | 大白鹭 | 80.0 |
| 凤头䴙䴘 | 3.8 | 黑水鸡 | 3.8 | 夜鹭 | 76.3 | 中白鹭 | 80.0 |
| 牛背鹭 | 3.3 | 凤头䴙䴘 | 3.4 | 凤头䴙䴘 | 63.2 | 白骨顶 | 76.4 |
| 黄苇鳽 | 2.9 | 罗纹鸭 | 3.0 | 金眶鸻 | 50.0 | 绿翅鸭 | 72.7 |
| 白骨顶 | 2.5 | 苍鹭 | 2.9 | 斑嘴鸭 | 44.7 | 绿头鸭 | 70.9 |

### 4.5.1 绿翅鸭 *Anas crecca*

中小型游禽，体长 34~43 cm，体重 340~360 g。嘴黑色，跗跖及蹼黄色偏褐色。雄性头顶及颈部栗色，具宽阔的贯眼纹；背部两侧有一道较长的白色条纹，背部及侧面灰色具细纹，尾羽两侧皮黄色斑块十分明显；具翠绿色翼镜，在飞翔时显见。雌性整体呈偏褐色，具斑纹，颈部及腹部羽色较淡；贯眼纹黑色。绿色翼镜不明显（图 4-6）。

在两淮地区为常见冬候鸟。每年 9、10 月迁徙至此，常集大群栖息于开阔河流、湖泊、库塘；3 月中下旬则迁往北方繁殖。冬季主要以水生植物种子和茎

图 4-6 绿翅鸭

叶为食，春夏季也食小型水生动物。

分布广泛，种群数量稳定；安徽省二级保护野生动物，被《IUCN 红色名录》列为"无危"级，被列入《国家保护的有重要生态、科学、社会价值的陆生野生动物名录》（以下简称《"三有"名录》）。

### 4.5.2　绿头鸭 *Anas platyrhynchos*

中型游禽，体长 55~70 cm，体重 1000~1300 g。跗跖及蹼橘红色。雄性嘴黄绿色，头、颈部深绿色且带金属光泽，具白色颈环；背部及体侧暗灰色杂以细纹；

胸部栗色，腹部灰白色；尾羽黑色；具紫色翼镜，飞行时明显。雌性整体呈黑褐色，具"V"形斑纹，下体羽色较浅；嘴峰黑褐色而侧缘黄褐色；具黑色贯眼纹（图 4-7）。

在两淮地区为常见冬候鸟，每年 10 月下旬迁徙至此，常成对或集小群栖息于湖泊、河流、库塘；3 月中下旬则迁

图 4-7　绿头鸭

往北方繁殖。主要取食水生植物的茎、叶及种子，也以部分水生动物为食。

分布广泛，种群数量稳定；安徽省二级保护野生动物，被《IUCN 红色名录》列为"无危"级，被列入《"三有"名录》。

### 4.5.3　凤头䴙䴘 *Podiceps cristatus*

中等游禽，体长 46~51 cm，体重 500~1000 g。雌雄相似，嘴细长且端部尖锐，两侧粉红色、嘴峰黑褐色，跗跖及蹼黑色。成鸟头顶黑色冠羽明显，颈部具深色羽冠；上体黑褐色，下体白色。繁殖羽枕部栗色，颈部具斗篷状饰羽，基部栗色，端部黑色，冬季消失。幼鸟头、颈部白色，具黑色条纹（图 4-8）。

图 4-8　凤头䴙䴘

在两淮地区为常见留鸟，常成对或集小群栖息于湖泊、水库、江河。主要取食鱼、虾及水生昆虫，也以部分水生植物为食。

分布广泛，种群数量稳定；被《IUCN 红色名录》列为"无危"级，被列入《"三有"名录》。

### 4.5.4　小䴙䴘 *Tachybaptus ruficollis*

小型游禽，体长 23~29 cm，体重 120~300 g。雌雄相似，跗跖及蹼黑色。成鸟繁殖期嘴黑色，基部具明显的米黄色斑块；喉部、头侧及颈侧呈红褐色；上体黑褐色，下体偏灰色。非繁殖期嘴部黑色较浅且侧缘土黄色；颈侧浅黄色；上体灰褐色，下体白色。幼鸟嘴呈粉红色，头、颈部具明显白色条纹（图 4-9）。

图 4-9　小䴙䴘

在两淮地区为常见留鸟，常单独或集小群栖息于湖泊、沼泽。主要取食鱼、虾及水中的小型节肢动物。

分布广泛，种群数量稳定；被《IUCN 红色名录》列为"无危"级，被列入《"三有"名录》。

### 4.5.5　夜鹭 *Nycticorax nycticorax*

中型涉禽，体长 58~65 cm，体重 720~1000 g。雌雄相似，嘴黑色，胫、跗跖及趾黄绿色，繁殖期呈红色。头、枕部深蓝灰色，额基部白色，顶冠黑色，具白色丝状冠羽；上体绿黑色，双翼及尾羽暗灰色，下体纯白。幼鸟上体偏灰褐色，具白色斑点；下体白色杂以褐色条纹（图 4-10）。

在两淮地区为常见夏候鸟，每年 3

图 4-10　夜鹭

月中下旬迁徙至此，常集小群栖息于山溪、河流、湖泊、稻田；11月中下旬则迁往南方越冬。主要取食鱼、虾等水生动物。

分布广泛，种群数量稳定；被《IUCN红色名录》列为"无危"级，被列入《"三有"名录》。

### 4.5.6　池鹭 *Ardeola bacchus*

中型涉禽，体长40~50 cm，体重150~320 g。雌雄相似，繁殖期嘴基部蓝色、中部黄色、端部黑色；胫、跗跖及趾暗红色；头、颈及胸部栗红色；背紫黑色，

具披针状蓑羽；腹部、两翼及尾羽呈白色。非繁殖期嘴上部呈黑褐色，嘴下黄绿色；胫、跗跖及趾黄绿色；上体偏褐色，头、颈与胸部偏皮黄色杂以褐色纵纹，背部无蓑羽（图4-11）。

在两淮地区为常见夏候鸟，每年4月初迁徙至此，常集小群栖息于稻田、鱼塘、湖泊、河流；10月中旬则迁往南方越冬。主要取食鱼、虾等水生动物。

图 4-11　池鹭

分布广泛，种群数量稳定；被《IUCN红色名录》列为"无危"级，被列入《"三有"名录》。

### 4.5.7　白鹭 *Egretta garzetta*

中型涉禽，体长55~65 cm，体重280~638 g。雌雄相似，嘴黑且细长，胫、跗跖黑色，爪黄色。整体呈白色，繁殖期眼先粉红色，非繁殖期呈黄绿色；繁殖期枕部具丝状饰羽，上胸及背部具蓬松蓑羽，非繁殖期消失（图4-12）。

在两淮地区为常见留鸟，常呈散群栖息于湖沼、水田、泥滩、河岸。

图 4-12　白鹭

主要取食鱼、虾等水生动物。

分布广泛，种群数量稳定；被《IUCN 红色名录》列为"无危"级，被列入《"三有"名录》。

### 4.5.8　苍鹭 *Ardea cinerea*

大型涉禽，体长 80~110 cm，体重 1000~2000 g。雌雄相似，嘴橙黄色，胫、跗跖及趾红褐色，冬季呈暗褐色。头、颈、胸部白色，头侧及辫状冠羽黑色，颈部具黑色纵纹；上体苍灰色；体侧具黑色斑纹。幼鸟整体偏灰褐色（图 4-13）。

图 4-13　苍鹭

在两淮地区为常见冬候鸟，每年 10、11 月迁徙至此，常单独或成对栖息于河流、湖泊、稻田；3 月则迁往北方繁殖。主要取食鱼、虾等水生动物。

分布广泛，种群数量稳定；被《IUCN 红色名录》列为"无危"级；被列入《"三有"名录》。

### 4.5.9　大白鹭 *Ardea alba*

大型涉禽，体长 90~100 cm，体重 700~1500 g。胫、跗跖及趾黑色。整体呈白色；繁殖期嘴黑色，眼先裸露部分呈蓝绿色；嘴裂延伸至眼后；背部具丝状饰羽；非繁殖期嘴、眼先裸露部分呈黄色，饰羽消失（图 4-14）。

在两淮地区为常见冬候鸟，每年 3、4 月迁徙至此，常单独或集小群栖息

图 4-14　大白鹭

于湖泊、库塘、河流；10 月中下旬则迁往南方越冬。主要取食鱼、甲壳动物及昆虫。

分布广泛，种群数量稳定；被《IUCN 红色名录》列为"无危"级；被列入《"三有"名录》。

### 4.5.10　中白鹭 *Ardea intermedia*

中大型涉禽，体长 56~72 cm，体重约 400 g。胫、跗跖及趾黑色。整体呈白色；繁殖期嘴黑色，眼先裸露部分黄色；嘴裂未过眼后，背、胸部具丝状饰羽。非繁殖期嘴黄色而尖端呈黑褐色，饰羽消失（图 4-15）。

图 4-15　中白鹭

在两淮地区为常见夏候鸟，每年 3、4 月迁徙至此，常单独或集小群栖息于湖泊、稻田、河流；10 月中下旬则迁往南方越冬。主要取食鱼、虾及昆虫。

分布广泛，种群数量稳定；被《IUCN 红色名录》列为"无危"级，被列入《"三有"名录》。

### 4.5.11　黄苇鳽 *Ixobrychus sinensis*

小型涉禽，体长 30~40 cm，体重 81~104 g。嘴峰黑色，余部黄褐色，胫、跗跖及趾黄绿色。雄性头顶黑色，头侧及颈部呈棕褐色；上体浅黄褐色，黑色飞羽明显；下体皮黄色，尾羽黑色。雌性与雄性相似，但其头、颈、胸部具棕色条纹。幼鸟上体黄褐色、下体黄白色，密布褐色条纹（图 4-16）。

图 4-16　黄苇鳽

在两淮地区为常见夏候鸟，每年 4 月中旬迁徙至此，常单独或成对栖息于湖泊、库塘、沼泽；10 月中下旬则迁往南方越冬。主要取食鱼、两栖动物及部分水生昆虫。

分布广泛，种群数量稳定；被《IUCN 红色名录》列为"无危"级，被列入《"三有"名录》。

### 4.5.12  白骨顶 *Fulica atra*

中型游禽，体长 24~35 cm，体重 750~890 g。雌雄相似。嘴粉白色，跗跖及趾灰绿色。白色额甲明显，整体呈深黑灰色；外侧飞羽翼缘近白，在飞行时显见。幼鸟头部具白色细纹，下体偏灰白（图 4-17）。

图 4-17  白骨顶

在两淮地区为常见冬候鸟，每年 10 月中下旬迁徙至此，常集群栖息于湖泊、河流、库塘；3 月中下旬则迁往北方繁殖。主要取食小鱼、小虾及水生昆虫，也以部分水生植物的茎、叶、嫩芽为食。

分布广泛，种群数量稳定；被《IUCN 红色名录》列为"无危"级，被列入《"三有"名录》。

### 4.5.13  黑水鸡 *Gallinula chloropus*

中型涉禽，体长 30~38 cm，体重 192~500 g。雌雄相似。嘴基红色而端部黄色，胫红而跗跖及趾绿色。亮红色额甲明显，体羽大部呈青黑色，两胁具白色细纹；尾下两侧具白斑。幼鸟整体呈灰褐色；红色额甲不明显（图 4-18）。

在两淮地区为常见留鸟，常集群栖息于库塘、湖泊、沼泽。主要取食水生无脊椎动物及水生植物。

分布广泛，种群数量稳定；被《IUCN 红色名录》列为"无危"级，被列入《"三有"名录》。

图 4-18  黑水鸡

### 4.5.14　须浮鸥 *Chlidonias hybrida*

小型水鸟，体长 23~28 cm，体重 60~101 g。雌雄相似，胫、跗跖及趾红色。繁殖期嘴红色，头、颈部黑色；上体呈灰色，尾部灰白色且分叉；眼下至喉部白色，胸、腹部黑色。非繁殖期嘴黑色，头顶具黑白细纹，额白色，枕部黑色，下体白色。幼鸟外形与成鸟相似，具褐色纵斑（图 4-19）。

图 4-19　须浮鸥

在两淮地区为常见夏候鸟，每年 3、4 月迁徙至此，常集群栖息于库塘、湖泊、河流；10 月中下旬则迁往南方越冬。主要取食鱼、虾及昆虫等水生动物。

分布广泛，种群数量稳定；被《IUCN 红色名录》列为"无危"级，被列入《"三有"名录》。

### 4.5.15　普通鸬鹚 *Phalacrocorax carbo*

中大型游禽，体长 77~94 cm，体重 2600~3700 g。雌雄相似，嘴黑色，跗跖和蹼黑褐色。整体黑色且带金属光泽，脸颊与喉部白色，嘴角及喉囊呈黄色；繁殖期嘴角红色，头、颈部具白色丝状饰羽，两胁具白斑，非繁殖期消失。幼鸟上体深褐色，下体污白色杂以褐色斑块（图 4-20）。

图 4-20　普通鸬鹚

在两淮地区为常见冬候鸟，每年 9、10 月迁徙至此，常集群栖息于湖泊、河流；3 月中下旬则迁往南方繁殖。主要取食鱼类。

分布广泛，种群数量稳定；安徽省二级保护野生动物，被《IUCN 红色名录》列为"无危"级，被列入《"三有"名录》。

## 4.6　受胁物种

在两淮采煤沉陷湿地记录到的 69 种水鸟中，有 1 种被列为国家一级保护野生动物，即青头潜鸭（*Aythya baeri*），8 种被列为国家二级保护野生动物，分别是小天鹅（*Cygnus columbianus*）、白琵鹭（*Platalea leucorodia*）、白额雁（*Anser albifrons*）、鸿雁（*Anser cygnoid*）、花脸鸭（*Sibirionetta formosa*）、鸳鸯（*Aix galericulata*）、斑头秋沙鸭（*Mergellus albellus*）和水雉（*Hydrophasianus chirurgus*）；有 6 种被 IUCN 列为受胁物种，分别是青头潜鸭（极危级）、鸿雁（易危级）、红头潜鸭（*Aythya ferina*，易危级）、罗纹鸭（*Mareca falcata*，近危级）、白眼潜鸭（*Aythya nyroca*，近危级）和凤头麦鸡（*Vanellus vanellus*，近危级）；有 65 种被列入《"三有"名录》（附表 II 和 III）。

### 4.6.1　小天鹅 *Cygnus columbianus*

大型游禽，体长 115~150 cm，体重 3800~10500 g。雌雄相似，跗跖及蹼黑色，嘴基黄色、余部黑色。成鸟通体白色；幼鸟嘴粉红色、端部黑色，整体白色偏灰，头具褐色细纹（图 4-21）。

在两淮地区为冬候鸟，每年 9、10 月迁徙至此，常集群栖息于河湾、湖泊、水库；3 月中下旬则迁往北方繁殖。主要取食水生植物种子及茎叶，也以部分小型水生动物为食。

图 4-21　小天鹅

种群数量稳定；国家二级保护野生动物，被《IUCN 红色名录》列为"无危"级，被列入《"三有"名录》。

### 4.6.2　鸿雁 *Anser cygnoid*

大型游禽，体长 80~94 cm，体重 2800~3500 g。雌雄相似，嘴黑色，跗跖及蹼橙红色。额部具环绕嘴基的棕白条纹，嘴基部具疣状突；前颈及颈侧白色，头

图 4-22　鸿雁

顶至后颈棕褐色；上体灰褐色且羽缘皮黄色，两胁具褐色斑纹；下体白色占浅棕色，尾下覆羽纯白。幼鸟整体偏褐色，额部无环状白纹（图 4-22）。

在两淮地区为冬候鸟，每年 10 月中下旬迁徙至此，常集群栖息于水库、湖泊、河流；3 月中下旬则迁往北方繁殖。主要取食水生植物的茎、叶，也以部分甲壳动物及软体动物为食。

种群数量整体呈下降趋势；国家二级保护野生动物，被《IUCN 红色名录》列为"易危"级，被列入《"三有"名录》。

### 4.6.3　白额雁 *Anser albifrons*

大型游禽，体长 70~85 cm，体重 1930~3310 g。雌雄相似，跗跖及蹼橘黄色。嘴基与额间具白斑，头、颈、背部棕黑色，具灰白羽缘；胸、腹及两胁呈棕灰色，杂以不规则黑色斑块；尾下覆羽白色。幼鸟嘴橙色，胸腹部黑斑变小，前额白斑减小或消失（图 4-23）。

在两淮地区为冬候鸟，每年 10 月迁徙至此，常集小群栖息于湖泊、库塘、河流；3 月上旬则迁往北方繁殖。主要取食水生植物的茎、叶及草籽。

种群数量稳定；国家二级保护野生动物，被《IUCN 红色名录》列为"无危"级，被列入《"三有"名录》。

图 4-23　白额雁

### 4.6.4　鸳鸯 *Aix galericulata*

中型游禽，体长 41~51 cm，体重 430~690 g。跗跖及蹼橙黄色。雄性嘴红色，白色眉纹显著；额至头顶翠绿且具金属光泽，头后具红铜色羽冠；颈部金色，具

丝状饰羽；上体大部呈褐色，三级飞羽
特化形成棕黄色帆状结构；胸部紫黑，
两侧具白色细纹；下体两胁棕黄，余部
纯白。雌性嘴黑色，整体偏暗灰色，眼
圈白色且眼后具白色细纹（图 4-24）。

图 4-24　鸳鸯

在两淮地区为冬候鸟，每年 10 月上
旬迁徙至此，常成对或集小群栖息于湖
泊、溪流、库塘；4 月上旬则迁往北方
繁殖。主要取食水生植物的草籽、种子
及嫩叶，也以部分水生动物为食。

种群数量整体呈下降趋势；国家二级保护野生动物，被《IUCN 红色名录》
列为"无危"级，被列入《"三有"名录》。

### 4.6.5　斑头秋沙鸭 *Mergellus albellus*

中型游禽，体长 38~44 cm，体重 450~650 g。嘴黑色，跗跖及蹼黑褐色。雄
性头、颈部白色，枕部两侧具黑色细纹；眼周全黑色似一黑色眼罩；上体大部偏
黑色，具白色肩羽，在飞行时显见；上背两侧至胸部具一细长黑色狭纹；下体
雪白，体侧具灰色波纹。雌性上体偏褐
色，头、颈部栗色，颊、喉及颈侧白色，
眼周近黑；下体白色，胸及两胁偏褐色
（图 4-25）。

在两淮地区为冬候鸟，每年 10 月中
下旬迁徙至此，常集群栖息于湖泊、河流；
3 月下旬则迁往北方繁殖。主要取食小
鱼、水生半翅目、甲壳类等水生动物，
也以某些水生植物的茎、叶为食。

种群数量整体呈下降趋势；国家二
级保护野生动物，被《IUCN 红色名录》
列为"无危"级，被列入《"三有"名录》。

图 4-25　斑头秋沙鸭

### 4.6.6　青头潜鸭*Aythya baeri*

中型游禽，体长 42~47 cm，体重 500~730 g。嘴灰黑色，尖端发蓝，跗跖及蹼深灰色。雄性头、颈近黑色，具绿色金属光泽；背部黑褐色；具白色翼镜，飞行时显见。胸部暗栗色，腹部至尾下覆羽白色，两胁浅栗杂以白色斑块。雌性整体偏褐色，体侧具白色斑纹（图 4-26）。

图 4-26　青头潜鸭

在两淮地区为冬候鸟，每年 10 月中下旬迁徙至此，常成对或集小群栖息于湖泊、沼泽、库塘；3 月下旬则迁往北方繁殖。主要取食水生植物的根、茎及草籽，也以某些水生软体动物为食。

种群数量整体呈下降趋势；国家一级保护野生动物，被《IUCN 红色名录》列为"极危"级，被列入《"三有"名录》。

### 4.6.7　白眼潜鸭*Aythya nyroca*

中型游禽，体长 33~43 cm，体重 460~730 g。嘴蓝灰色，跗跖及蹼灰褐色。雄性头、颈及两胁深栗色，颈部具黑色颈环，眼色白；上体黑褐色，具白色翼镜，飞行时显见。腹部白色占浅褐色，尾下覆羽白色。雌性整体偏暗褐色，眼色褐（图 4-27）。

图 4-27　白眼潜鸭

在两淮地区为冬候鸟，每年 10 月中下旬迁徙至此，常成对或集小群栖息于库塘、湖泊、海湾；3 月中下旬则迁往北方繁殖。主要取食水生植物的茎、叶及种子，也以某些水生动物为食。

种群数量整体呈下降趋势；安徽省二级保护野生动物，被《IUCN 红色名录》列为"近危"级，被列入《"三有"名录》。

### 4.6.8　红头潜鸭 *Aythya ferina*

中型游禽，体长 41~50 cm，体重 460~1200 g。嘴灰蓝色，基部与端部黑色，跗跖及蹼灰褐色。雄性头、颈部栗红色；背及两胁偏灰色且具黑色横纹；腰部黑色；翼镜白色，飞行时显见；下体胸部黑色，余部全白；尾羽黑色。雌性整体呈褐色，具灰色翼镜（图 4-28）。

图 4-28　红头潜鸭

在两淮地区为冬候鸟，每年 10 月中下旬迁徙至此，常集群栖息于湖泊、库塘、河流；3 月中下旬则迁往北方繁殖。主要取食水生植物，也以鱼、虾及部分水生软体动物为食。

种群数量整体呈下降趋势；安徽省二级保护野生动物，被《IUCN 红色名录》列为"近危"级，被列入《"三有"名录》。

### 4.6.9　花脸鸭 *Sibirionetta formosa*

中型游禽，体长 36~43 cm，体重 360~520 g。嘴黑色，跗跖及蹼黄色。雄性头顶深黑色，脸部淡黄色且具黑色带纹，后侧为大块月牙状绿色斑纹；上体褐色沾灰，具柳叶状肩羽，翼镜铜绿色；胸部偏棕色且多黑褐点斑，两胁石板灰色具鳞状细纹，尾下覆羽黑色；腹部白色。雌性嘴基部有浅色斑点，头侧及颈侧羽色较淡；上体、胸及两胁深褐色，具浅色羽缘；尾下覆羽白色杂以褐色细纹（图 4-29）。

在两淮地区为冬候鸟或旅鸟，每年 10、11 月迁徙至此，常集群栖息于水稻田、湖泊、河口地带；3 月上旬则迁往北方繁殖。主要取食水生植物的叶、芽及种子等。

种群数量稳定；国家二级保护野生动物，被《IUCN 红色名录》列为"无危"级，被列入《"三有"名录》。

图 4-29　花脸鸭

### 4.6.10　罗纹鸭 *Mareca falcata*

中型游禽，体长 46~53 cm，体重 422~770 g。嘴黑灰色，跗跖及蹼暗灰色。雄性头顶栗色，头侧及后颈绿色且带金属光泽；嘴基部具较小白色斑块；喉及前颈白色，颈基部具暗绿色环状细纹；上体灰白色，杂以深褐色波状纹，具墨绿色翼镜；黑色的三级飞羽向下弯曲呈镰刀状；胸部黑褐色且具大量白色波状细纹；腹及两胁灰白色，尾下覆羽两侧为奶油黄色斑块。雌性整体偏棕褐色，具深色"V"形斑纹（图 4-30）。

图 4-30　罗纹鸭

在两淮地区为冬候鸟，每年 10 月中下旬迁徙至此，常集群栖息于库塘、河流、湖泊；3 月下旬则迁往北方进行繁殖。主要取食水生植物的茎、叶及种子，也以部分水生动物为食。

种群数量整体呈下降趋势；安徽省二级保护野生动物，被《IUCN 红色名录》列为"近危"级，被列入《"三有"名录》。

### 4.6.11　白琵鹭 *Platalea leucorodia*

大型涉禽，体长 80~95 cm，体重 1130~1960 g。嘴黑色且扁平，端部较宽，呈黄色；胫、跗跖及趾黑色。通体白色，眼先具黑色细纹。繁殖期头、颈部分别具明显的黄色丝状冠羽与颈环。幼鸟似成鸟，其飞羽具少量黑色斑纹（图 4-31）。

图 4-31　白琵鹭

在两淮地区为冬候鸟，每年 9、10 月迁徙至此，常集小群栖息于湖泊、河流、沼泽地；3 月下旬则迁往北方繁殖。主要取食鱼、虾、蟹等水生动物。

种群数量稳定；国家二级保护野生动物，被《IUCN 红色名录》列为"无危"级，被列入《"三有"名录》。

### 4.6.12　凤头麦鸡 *Vanellus vanellus*

中小型涉禽，体长 28~33 cm，体重 128~330 g。嘴黑色，胫、跗跖和趾暗红色。头顶黑色，具长而窄的黑色前翻状冠羽；耳羽黑色，头侧、喉及颈部污白。上体具灰绿色金属光泽，尾上覆羽白色；胸部黑色，腹部及翼下覆羽纯白，飞羽黑色具少量白斑（图 4-32）。

图 4-32　凤头麦鸡

在两淮地区为冬候鸟，每年 10 月中下旬迁徙至此，常集群栖息于湖泊、库塘、农田；3 月中下旬则迁往北方繁殖。主要取食水生无脊椎动物及小型脊椎动物。

种群数量整体呈下降趋势；被《IUCN 红色名录》列为"近危"级，被列入《"三有"名录》。

### 4.6.13　水雉 *Hydrophasianus chirurgus*

中小型涉禽，体长 39~58 cm，体重 140~250 g。嘴、胫、跗跖和趾黑色。头、前颈及颈侧白色，头后黑色，后颈金黄色且两侧具黑色细纹；上体呈橄榄褐色，腰及尾羽黑色，中间尾羽延长且向下弯曲；两翼白色且具少量黑色条纹；下体呈暗褐色。幼鸟上体偏黄褐色；头侧、前颈及下体污白；具褐色斑纹（图 4-33）。

图 4-33　水雉

在两淮地区为夏候鸟，每年 4 月上旬迁徙至此，常单独或成对栖息于库塘、沼泽、湖泊；10 月中旬则迁往南方越冬。主要取食水生植物及水生无脊椎动物。

种群数量整体呈下降趋势；国家二级保护野生动物，被《IUCN 红色名录》列为"无危"级，被列入《"三有"名录》。

## 4.7　群落动态

### 4.7.1　繁殖季

2016 年繁殖季的两次调查中共记录到鸟类 1740 只，隶属于 26 种 5 目 9 科；优势种为夜鹭、小䴙䴘、黑水鸡，其优势度指数分别为 0.245、0.132 与 0.102；记录到国家二级保护野生鸟类 1 种，即水雉。2021 年繁殖季的两次调查共记录到鸟类 2951 只，隶属于 23 种 5 目 10 科；优势种为须浮鸥、黑水鸡和白鹭，其优势度指数分别为 0.274、0.148 与 0.132；记录到国家二级保护野生鸟类 1 种，即水雉。

配对 $t$ 检验结果显示，2021 大多数湿地水鸟物种数较 2016 年出现明显增多，由平均每个湿地 10 种增加到 12 种（表 4–5）。此外，水鸟个体数在这 5 年间也发生了显著的变化，由 2016 年的平均每个湿地 87 只增加到 148 只。这可能是由于地下煤矿开采活动在这 5 年期间不断进行，导致这些沉陷湿地的面积不断扩大，为水鸟提供了丰富的食物资源与多样的栖息地，进而吸引了更多的鸟类在此觅食、休憩或繁殖。然而，相较于物种数与个体数量的增加，大多数湿地的水鸟物种多样性与均匀度指数在这 5 年前后并未出现明显变化。这主要与沉陷湿地中存在个体数极高的优势物种有关，如黑水鸡、须浮鸥与小䴙䴘等，它们在调查期间占据了绝对的数量优势。

表 4–5　两淮采煤沉陷湿地 2016 年和 2021 年繁殖期水鸟群落物种多样性

| | 2016 年<br>（平均值 ± 标准差） | 2021 年<br>（平均值 ± 标准差） | $p$ | $t$ |
|---|---|---|---|---|
| 物种数 | 10 ± 2 | 12 ± 2 | 0.008 | 2.94 |
| 个体数 | 87 ± 62 | 148 ± 83 | 0.028 | 2.37 |
| Simpson 多样性 | 0.79 ± 0.10 | 1.78 ± 0.08 | 0.836 | −0.21 |
| 皮洛（Pielou）均匀度 | 0.82 ± 0.11 | 0.76 ± 0.09 | 0.139 | −1.54 |

大多数沉陷湿地的水鸟物种组成在 2016 年与 2021 年发生了显著变化，主要体现在植食者与鸥类个体数量的增加（$p < 0.05$），这可能是由于这两类水鸟能

较好地适应湿地中剧烈的环境变化与密集的人为干扰。采煤沉陷湿地人为活动干扰显著，如水产养殖及漂浮式光伏发电系统的建设，它们使得湿地的开阔水域面积、水生植被面积及栖息地多样性等环境因素发生显著改变，进而导致了这些物种个体数量的变化。

### 4.7.2　秋季迁徙期

2016 年秋季迁徙期的两次调查中共记录到水鸟 14056 只，隶属于 48 种 6 目 10 科；优势种为白骨顶、绿翅鸭，其优势度指数分别为 0.423 和 0.101；记录到国家二级保护野生鸟类 4 种，即水雉、小天鹅、白秋沙鸭、鸿雁。2021 年秋季迁徙期的两次调查共记录到鸟类 11643 只，隶属于 34 种 6 目 8 科；优势种为白骨顶、斑嘴鸭、绿头鸭，其优势度指数分别为 0.211、0.131 与 0.129；记录到国家一级保护野生鸟类 1 种，即青头潜鸭，国家二级保护野生鸟类 3 种，即小天鹅、花脸鸭、鸳鸯。

配对 $t$ 检验的结果显示，2021 年单个湿地的水鸟物种数较 2016 年明显增多，由平均每个湿地 9 种增加到 12 种（表 4-6）。此外，Simpson 多样性指数由 5 年前的平均每个湿地 0.61 增加到 2021 年的 0.72，均匀度指数也由 0.66 增加至 0.74。这可能与湿地主要优势物种的个体数减少、物种数增加有关。同时，随着沉陷时间的延长，湿地环境得以改善，为水鸟提供了异质性的环境，适宜更多样化的水鸟生存。但单个湿地的水鸟个体数并未发生显著变化，可能与沉陷湿地具有较大的人为干扰有关。

表 4-6　两淮采煤沉陷湿地 2016 年和 2021 年秋季迁徙期水鸟群落物种多样性

|  | 2016 年<br>（平均值 ± 标准差） | 2021 年<br>（平均值 ± 标准差） | $p$ | $t$ |
|---|---|---|---|---|
| 物种数 | 9 ± 5 | 12 ± 6 | 0.001 | 3.13 |
| 个体数 | 233 ± 294 | 148 ± 83 | 0.411 | −0.83 |
| Simpson 多样性 | 0.61 ± 0.22 | 0.72 ± 0.16 | 0.002 | 3.25 |
| Pielou 均匀度 | 0.66 ± 0.17 | 0.74 ± 0.13 | 0.016 | 2.51 |

两淮采煤沉陷湿地的水鸟群落物种组成在 5 年间也发生了变化（$p < 0.01$），表现在鸻鹬类及植食者数量的减少。这可能与沉陷湿地的水位波动和周围的一些经济建设有关，这些因素使得滩涂、沼泽等鸻鹬类的栖息环境受到影响。同时，植食者如黑水鸡和白骨顶等，更倾向于选择较隐蔽的场所作为栖息地，随着沉陷时间的延长，水域通常会变得更开阔，可能不利于其生存，从而导致数量减少。

### 4.7.3　越冬期

在 2016 年越冬期的两次调查中共记录到鸟类 16738 只，隶属于 45 种 7 目 11 科；优势种为白骨顶，其优势度指数为 0.545，个体数量在群落中占据绝对地位；记录到国家一级保护野生鸟类 1 种，即青头潜鸭，国家二级保护野生鸟类 5 种，即小天鹅、鸿雁、白额雁、白秋沙鸭、白琵鹭。在 2021 年越冬季的两次调查中共记录到鸟类 15252 只，隶属于 27 种 7 目 8 科；优势种为白骨顶、绿头鸭及罗纹鸭，其优势度指数分别为：0.325、0.149 和 0.125；记录到国家二级保护野生鸟类 2 种，即小天鹅、白琵鹭。

对于单个湿地来说，5 年前后水鸟物种数及个体数量、Simpson 多样性和均匀度并未发生显著变化（表 4-7）。虽然随着沉陷时间的延长，湿地具有更加多样的环境，但沉陷湿地属于人工湿地，渔业养殖和光伏发电等一些经济活动常在其上开展，使这些沉陷湿地面临着较大的人为干扰，可能会限制水鸟群落的物种多样性。

表 4-7　两淮采煤沉陷湿地 2016 年和 2021 年越冬期水鸟群落物种多样性

| | 2016 年<br>（平均值 ± 标准差） | 2021 年<br>（平均值 ± 标准差） | $p$ | $t$ |
|---|---|---|---|---|
| 物种数 | 7 ± 4 | 7 ± 3 | 0.580 | −0.56 |
| 个体数 | 335 ± 530 | 305 ± 343 | 0.673 | −0.42 |
| Simpson 多样性 | 0.51 ± 0.25 | 0.54 ± 0.20 | 0.497 | 0.684 |
| Pielou 均匀度 | 0.62 ± 0.21 | 0.62 ± 0.19 | 0.914 | −0.11 |

水鸟群落物种组成在 2016 年与 2021 年期间发生了显著变化（$p < 0.05$），主要表现在潜水鸟类数量的增加。这种物种组成的差异在很大程度上也与环境的剧烈变化有关。因此，为加强采煤沉陷湿地的管理及生物多样性的保护，有必要对湿地水鸟群落及环境因子的动态变化开展长期、连续的系统监测。

### 4.7.4　春季迁徙期

2016 年春季迁徙期的一次调查共记录到鸟类 5448 只，隶属于 34 种 6 目 9 科；优势种为白骨顶，其优势度指数为 0.464；记录到国家二级保护野生鸟类 2 种，即白琵鹭，白秋沙鸭。2021 年春季迁徙期的一次调查共记录到鸟类 7152 只，隶属于 27 种 6 目 8 科；优势种为罗纹鸭、白骨顶、绿头鸭、黑水鸡，其优势度指数分别为 0.221、0.193、0.189、0.113；记录到国家二级保护野生鸟类 2 种，即鸿雁、白额雁。

5 年前后单个湿地的水鸟物种数及个体数并无太大变化，但 Simpson 多样性由 2016 年的 0.50 增加到 2021 年的 0.60，均匀度也由 5 年前的 0.63 增加到 0.73（表 4-8）。随着湿地面积的不断扩大，沉陷湿地具有更加丰富的食物资源与多样的栖息地，可以支持更丰富的水鸟物种。

表 4-8　两淮采煤沉陷湿地 2016 年和 2021 年春季迁徙期水鸟群落物种多样性

| | 2016 年<br>（平均值 ± 标准差） | 2021 年<br>（平均值 ± 标准差） | $p$ | $t$ |
|---|---|---|---|---|
| 物种数 | 5 ± 3 | 6 ± 3 | 0.238 | 1.20 |
| 个体数 | 109 ± 172 | 143 ± 220 | 0.350 | 0.94 |
| Simpson 多样性 | 0.50 ± 0.25 | 0.60 ± 0.18 | 0.037 | 2.15 |
| Pielou 均匀度 | 0.63 ± 0.23 | 0.73 ± 0.19 | 0.065 | 1.89 |

沉陷湿地的水鸟群落物种组成在 5 年间发生了变化（$p<0.01$），体现在鸻鹬类数量的减少以及雁鸭类数量的增加。雁鸭类通常在群落中占据优势地位，其对环境变化适应力较强，同时能忍耐一定的人为干扰，能够很好地适应沉陷湿地。

## 4.8　小结

　　自 2016 年以来的系统监测与研究表明，两淮采煤沉陷湿地吸引了大量水鸟来此栖息，特别是沿东亚－澳大利西候鸟迁徙路线进行迁徙的物种，其中，不乏国家一级、二级保护野生动物和 IUCN 受胁物种。与长江、淮河流域的自然湖泊相比，两淮采煤沉陷湿地水鸟群落的物种数较多、个体密度也较大，物种组成基本相似。在居留型上，两淮采煤沉陷湿地的水鸟群落中，冬候鸟最多；在区系特征上，以古北型和广布型为主，体现了该区域属于古北界的基本特征；在生态型方面，繁殖季以涉禽为主，特别是鹭类，而越冬季以鸭科水鸟为主。自 2016 年至 2021 年的 5 年期间，两淮采煤沉陷湿地的水鸟群落发生了显著的改变，但不同的季节变化的模式有所差异。水鸟群落的时间动态可能与环境变化密切相关。总体而言，两淮采煤沉陷湿地可以为大量的水鸟提供迁徙停歇地、繁殖地和越冬地，由于其地处人为活动十分频繁的矿区和农耕区，湿地环境变化剧烈，从而可能对在此栖息的水鸟产生巨大影响。

# 第 5 章
# 采煤沉陷湿地水鸟群落与环境因子的关系

## 5.1 环境因子状况

本研究在两淮矿区共监测了 55 个采煤沉陷湿地的环境因子（表 5-1）。这些湿地位于淮北平原，呈岛屿状分布，周边以农田景观为主，村、镇等人口聚居区散布于农田景观中（图 5-1；附图 IV）。

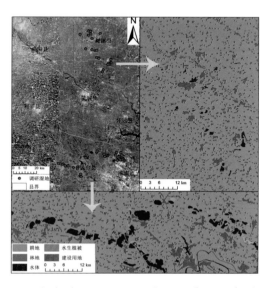

图 5-1　两淮采煤沉陷湿地及其周边景观地表覆被类型

表 5-1　两淮采煤沉陷湿地环境因子情况

| 湿地编号 | 湿地周长（km） | 湿地形状指数 | 水域面积（hm²） | 水生植被面积（hm²） | 湿地年龄（年） | 湿地中遗留房屋数（栋/hm²） | 网箱养殖面积（%）占比 | 湿地景观连接（hm²） | 距主要公路或铁路的距离（km） | 距人口聚居区的距离（km） | 周围人口聚居区面积（hm²） |
|---|---|---|---|---|---|---|---|---|---|---|---|
| 淮北 1 | 1.2 | 1.2 | 3.8 | 1.9 | 4.2 | 0.0 | 0.0 | 734.7 | 1.3 | 0.5 | 2947.1 |
| 淮北 2 | 3.5 | 2.4 | 1.5 | 5.2 | 13.4 | 0.0 | 0.0 | 756.7 | 1.4 | 0.3 | 2908.8 |
| 淮北 3 | 1.6 | 1.1 | 8.7 | 3.7 | 2.1 | 0.1 | 0.1 | 200.3 | 0.7 | 0.7 | 2320.9 |
| 淮北 4 | 4.5 | 1.8 | 16.0 | 19.0 | 13.4 | 0.2 | 0.0 | 667.8 | 0.5 | 0.3 | 2962.3 |
| 淮北 5 | 2.6 | 1.5 | 1.4 | 6.5 | 4.0 | 0.0 | 0.0 | 696.1 | 0.3 | 0.3 | 2956.7 |
| 淮北 6 | 9.8 | 1.8 | 166.6 | 29.3 | 28.0 | 0.1 | 0.3 | 820.5 | 0.0 | 0.0 | 2704.1 |
| 淮北 7 | 6.1 | 1.7 | 32.6 | 35.2 | 2.7 | 0.1 | 0.0 | 83.5 | 4.0 | 0.2 | 2303.5 |
| 淮北 8 | 3.6 | 1.5 | 12.2 | 13.4 | 2.2 | 0.0 | 0.0 | 214.0 | 1.1 | 0.4 | 2430.9 |
| 淮北 9 | 3.7 | 1.6 | 25.8 | 14.3 | 7.1 | 0.1 | 0.9 | 222.1 | 0.1 | 0.0 | 966.8 |
| 淮北 10 | 3.7 | 1.3 | 37.3 | 16.7 | 6.7 | 0.0 | 0.0 | 219.4 | 0.6 | 0.5 | 960.1 |
| 淮北 11 | 4.2 | 1.3 | 29.4 | 42.1 | 6.8 | 0.0 | 0.0 | 267.8 | 0.4 | 0.3 | 847.0 |
| 淮北 12 | 4.7 | 1.4 | 41.3 | 25.7 | 3.6 | 0.1 | 0.0 | 224.7 | 0.5 | 0.3 | 524.5 |
| 淮北 13 | 8.5 | 1.5 | 142.6 | 56.7 | 17.8 | 0.1 | 0.0 | 502.9 | 0.0 | 0.0 | 551.5 |
| 淮北 14 | 5.4 | 1.2 | 135.1 | 27.4 | 16.6 | 0.0 | 0.0 | 520.4 | 0.1 | 0.3 | 528.1 |

（续）

| 湿地编号 | 湿地周长（km） | 湿地形状指数 | 水域面积（hm²） | 水生植被面积（hm²） | 湿地年龄（年） | 湿地中遗留房屋数（栋/hm²） | 网箱养殖面积占比（%） | 湿地景观连接（hm²） | 距主要公路或铁路的距离（km） | 距人口聚居区的距离（km） | 周围人口聚居区面积（hm²） |
|---|---|---|---|---|---|---|---|---|---|---|---|
| 淮北 15 | 1.3 | 1.1 | 5.7 | 5.6 | 5.8 | 0.0 | 0.0 | 572.5 | 0.9 | 0.7 | 514.6 |
| 淮北 16 | 2.2 | 1.4 | 7.9 | 11.2 | 6.3 | 0.0 | 0.0 | 658.5 | 0.6 | 0.5 | 843.1 |
| 淮北 17 | 2.0 | 1.3 | 1.0 | 13.7 | 1.8 | 0.0 | 0.0 | 664.7 | 1.6 | 1.5 | 922.9 |
| 淮北 18 | 2.8 | 1.4 | 18.7 | 10.4 | 3.5 | 0.1 | 0.0 | 664.7 | 1.3 | 1.3 | 848.1 |
| 淮北 19 | 5.0 | 1.4 | 30.4 | 49.6 | 7.7 | 0.0 | 0.0 | 572.9 | 0.5 | 0.2 | 641.8 |
| 淮北 20 | 7.9 | 1.5 | 131.6 | 53.1 | 10.7 | 0.0 | 0.0 | 663.9 | 0.7 | 0.3 | 994.7 |
| 淮北 21 | 4.2 | 1.6 | 32.9 | 12.4 | 13.4 | 0.2 | 0.8 | 763.6 | 0.3 | 2.0 | 2473.9 |
| 淮南 1 | 4.9 | 1.3 | 65.8 | 14.9 | 24.2 | 0.2 | 0.0 | 2187.3 | 0.0 | 1.1 | 2513.5 |
| 淮南 2 | 1.6 | 1.4 | 4.4 | 0.9 | 6.7 | 0.0 | 0.0 | 1909.5 | 0.0 | 2.1 | 2347.4 |
| 淮南 3 | 1.7 | 1.2 | 9.5 | 3.9 | 18.8 | 0.2 | 0.0 | 1943.5 | 0.7 | 2.5 | 2530.6 |
| 淮南 4 | 1.8 | 1.3 | 9.6 | 5.2 | 3.6 | 0.2 | 0.0 | 2470.8 | 1.1 | 2.4 | 2631.9 |
| 淮南 5 | 3.5 | 1.3 | 41.7 | 9.2 | 14.8 | 0.1 | 0.4 | 2479.2 | 0.5 | 1.4 | 2631.9 |
| 淮南 6 | 5.6 | 1.3 | 120.8 | 20.3 | 10.4 | 0.4 | 0.0 | 2962.5 | 0.5 | 0.9 | 2668.6 |
| 淮南 7 | 5.9 | 1.8 | 51.9 | 16.0 | 25.5 | 0.0 | 0.0 | 2942.6 | 0.3 | 0.0 | 2834.0 |
| 淮南 8 | 2.6 | 1.3 | 20.3 | 6.8 | 8.1 | 0.4 | 0.0 | 2935.3 | 0.1 | 0.6 | 2428.6 |

（续）

| 湿地编号 | 湿地周长（km） | 湿地形状指数 | 水域面积（hm²） | 水生植被面积（hm²） | 湿地年龄（年） | 湿地中遗留房屋数（栋/hm²） | 网箱养殖面积占比（%） | 湿地景观连接（hm²） | 距主要公路或铁路的距离（km） | 距人口聚居区的距离（km） | 周围人口聚居区面积（hm²） |
|---|---|---|---|---|---|---|---|---|---|---|---|
| 淮南 9 | 2.7 | 1.2 | 15.0 | 8.7 | 8.5 | 0.2 | 0.0 | 2930.1 | 0.7 | 1.3 | 2456.4 |
| 淮南 10 | 4.2 | 1.3 | 52.5 | 16.7 | 7.8 | 0.2 | 0.0 | 2951.0 | 0.0 | 0.0 | 2346.1 |
| 淮南 11 | 3.6 | 1.2 | 21.6 | 43.0 | 6.2 | 0.0 | 0.0 | 1972.4 | 0.0 | 0.4 | 2603.8 |
| 淮南 12 | 3.4 | 1.2 | 46.8 | 21.4 | 19.7 | 0.0 | 0.0 | 1374.0 | 0.4 | 1.2 | 848.9 |
| 淮南 13 | 3.9 | 2.0 | 22.1 | 4.7 | 19.4 | 0.0 | 0.0 | 1287.4 | 0.0 | 1.1 | 845.6 |
| 淮南 14 | 4.3 | 1.4 | 53.2 | 16.0 | 16.1 | 0.0 | 0.0 | 866.3 | 0.0 | 1.8 | 872.9 |
| 淮南 15 | 3.4 | 1.2 | 49.6 | 10.0 | 14.8 | 0.1 | 0.0 | 848.5 | 0.2 | 1.4 | 805.7 |
| 淮南 16 | 2.2 | 1.2 | 22.1 | 5.0 | 7.2 | 0.0 | 0.0 | 846.8 | 1.0 | 2.2 | 780.2 |
| 淮南 17 | 4.1 | 1.2 | 64.3 | 15.7 | 3.4 | 0.0 | 0.0 | 1082.9 | 1.2 | 3.1 | 692.3 |
| 淮南 18 | 4.9 | 1.1 | 69.0 | 54.9 | 6.4 | 1.1 | 6.1 | 816.9 | 0.4 | 0.0 | 688.1 |
| 淮南 19 | 15.7 | 1.4 | 871.9 | 52.4 | 8.8 | 0.1 | 0.0 | 4479.9 | 0.1 | 0.0 | 2411.2 |
| 淮南 20 | 9.8 | 1.6 | 221.7 | 37.4 | 22.6 | 0.0 | 0.1 | 4904.5 | 0.0 | 0.0 | 8676.4 |
| 淮南 21 | 5.7 | 1.4 | 103.4 | 16.7 | 10.5 | 0.2 | 0.0 | 4506.7 | 0.2 | 0.0 | 1272.0 |
| 淮南 22 | 8.4 | 1.5 | 180.6 | 62.6 | 5.7 | 0.2 | 0.5 | 4722.8 | 1.8 | 2.6 | 2983.9 |
| 淮南 23 | 7.7 | 1.4 | 142.5 | 69.1 | 13.7 | 0.1 | 1.6 | 2363.2 | 1.3 | 0.4 | 2824.1 |

（续）

| 湿地编号 | 湿地周长（km） | 湿地形状指数 | 水域面积（hm²） | 水生植被面积（hm²） | 湿地年龄（年） | 湿地中遗留房屋数（栋/hm²） | 网箱养殖面积占比（%） | 湿地景观连接（hm²） | 距主要公路或铁路的距离（km） | 距人口聚居区的距离（km） | 周围人口聚居区面积（hm²） |
|---|---|---|---|---|---|---|---|---|---|---|---|
| 淮南 24 | 4.9 | 1.3 | 83.8 | 16.7 | 13.7 | 0.0 | 1.0 | 2728.5 | 0.0 | 0.0 | 2126.2 |
| 淮南 25 | 5.2 | 1.6 | 61.0 | 14.7 | 14.9 | 0.1 | 5.5 | 2716.4 | 0.0 | 0.0 | 2160.7 |
| 淮南 26 | 5.6 | 1.2 | 144.9 | 25.7 | 19.3 | 0.0 | 0.1 | 2764.2 | 0.0 | 0.0 | 2172.3 |
| 淮南 27 | 7.6 | 1.2 | 251.9 | 17.0 | 13.6 | 0.0 | 3.8 | 1922.2 | 0.0 | 0.4 | 2712.5 |
| 淮南 28 | 8.7 | 1.3 | 356.3 | 17.7 | 9.0 | 0.1 | 2.5 | 1552.5 | 0.3 | 0.1 | 2978.0 |
| 淮南 29 | 3.6 | 1.3 | 47.6 | 5.0 | 2.5 | 1.5 | 1.8 | 1177.9 | 0.0 | 0.8 | 1795.2 |
| 淮南 30 | 2.1 | 1.2 | 19.3 | 2.3 | 2.0 | 0.8 | 0.0 | 1175.6 | 0.0 | 0.9 | 1407.1 |
| 淮南 31 | 2.6 | 1.3 | 23.8 | 5.2 | 2.0 | 1.0 | 0.0 | 1172.6 | 0.2 | 0.7 | 1374.0 |
| 淮南 32 | 1.2 | 1.2 | 6.8 | 0.0 | 2.0 | 0.0 | 0.0 | 1171.6 | 0.0 | 0.6 | 1390.3 |
| 淮南 33 | 6.3 | 1.5 | 86.1 | 29.1 | 4.2 | 0.5 | 0.0 | 1226.7 | 1.2 | 0.6 | 2574.4 |
| 淮南 34 | 6.6 | 1.3 | 194.7 | 15.8 | 6.6 | 0.2 | 0.0 | 2515.2 | 0.7 | 0.4 | 2565.3 |
| 最大值 | 15.7 | 2.4 | 871.9 | 69.1 | 28.0 | 1.5 | 0.1 | 4904.5 | 4.0 | 3.1 | 8676.4 |
| 最小值 | 1.2 | 1.1 | 1.0 | 0.0 | 1.8 | 0.0 | 0.0 | 83.5 | 0.0 | 0.0 | 514.6 |
| 平均值 | 4.6 | 1.4 | 80.3 | 20.3 | 10.0 | 0.2 | 0.0 | 1574.5 | 0.5 | 0.8 | 1965.5 |
| 标准差 | 2.7 | 0.2 | 130.9 | 17.4 | 6.8 | 0.3 | 0.0 | 1245.0 | 0.7 | 0.8 | 1272.4 |

在所调查的 55 个采煤沉陷湿地中，沉陷时间最长的是 28 年，最短的是 2 年，很多湿地仍在下沉过程中。湿地面积最大的是 970.4 hm²，最小的是 7.8 hm²，平均为 113.2 ± 146.3 hm²；其边界最长的为 15.7 km，最短的为 1.2 km，平均为 4.6 ± 2.7 km。湿地边界的形状指数从 1.1 到 2.4，数值越大表示其外廓形状越偏离圆形，数值越小表示湿地形状越趋近于圆形（图 5-2）。

图 5-2　两淮矿区某采煤沉陷湿地

注：蓝色轮廓为 2016 年野外调查时湿地的边界。

开阔水域和水生植被是采煤沉陷湿地中两类主要的生境类型，分别占 59.7% ± 21.2%（SD）和 24.0% ± 15.1%。在浅水区域，生长着芦苇、香蒲、荷花等挺水植物，在深水区域，生长着浮萍、菱等浮水植物（图 5-3）。除了开阔水域和水生植被以外，在湿地周边还分布有小片林地、煤矸石堆、砂石路面等。

图 5-3　两淮采煤沉陷湿地的水生植被

每个湿地周边 5 km 范围内的湿地面积平均为 1574.5 ± 1245.0 hm²，占该缓冲区范围面积的 15.7% ± 11.4%（图 5-1）。在 42 个湿地中发现数量不等的废弃房屋，其平均密度为每公顷 0.2 ± 0.3 栋，最多为每公顷 1.5 栋（图 5-4）。这些房屋均为地表下沉后不再适宜居住而舍弃的，但并没有被拆除，而是随着地表一起下沉，有很多两三层的房屋已经只能见其屋顶了。

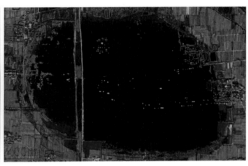

图 5-4　两淮采煤沉陷湿地中废弃的房屋

注：遥感图中的小斑块为两淮采煤沉陷湿地中废弃的房屋。

在这些沉陷湿地中，水产养殖是非常普遍的，主要采用围网或网箱养殖的方式，其中，网箱养殖的面积平均占湿地面积的 0.5% ± 1.3%，最多为 6.1%（图 5-5）。

图 5-5　两淮采煤沉陷湿地中的网箱养殖及堆在岸边的鱼饲料

所调查的湿地距道路和人口聚居区的距离均在 4 km 范围以内，平均皆小于 1 km。每个湿地周边 5 km 范围内人口聚居区（> 10 hm²）的占地面积平均为 1965.5 ± 1272.4 hm²，占缓冲区面积的 19.9% ± 11.5%（图 5-6）。

图 5-6　两淮采煤沉陷湿地周边的人口聚居区（村镇、工矿）

## 5.2　水鸟群落结构与环境因子的关系

蒙特卡洛检验表明，两淮采煤沉陷湿地水鸟群落结构受湿地年龄、开阔水域面积、距人口聚居区的距离、距主要道路及铁路的距离、湿地形状指数及湿地周边 5 km 范围内湿地面积等因素的影响，这些因素在各季节的 RDA 模型中有或多或少的体现（表 5-2）。

表 5-2　各季节（2016 年 9 月至 2017 年 4 月）两淮采煤沉陷湿地水鸟群落结构
　　　　　RDA 分析的最终模型含有的环境因子及解释率

|  | 秋季迁徙期 | 冬季迁徙期 | 春季迁徙期 | 整个研究期间 |
|---|---|---|---|---|
| RDA 第一轴长度 | 1.906 | 1.851 | 2.270 | 1.595 |
| RDA 最终模型的环境因子 | WE（$p=0.003$）<br>DR（$p=0.033$）<br>DH（$p=0.049$） | DH（$p<0.001$）<br>AO（$p<0.001$） | DH（$p=0.001$）<br>AO（$p=0.002$）<br>AG（$p=0.017$）<br>SW（$p=0.009$） | DH（$p=0.002$）<br>AO（$p=0.004$）<br>AG（$p=0.036$）<br>SW（$p=0.037$） |
| 水鸟群落结构变异的解释率（%） | 16.4 | 16.7 | 26.7 | 23.3 |

注：AG 为湿地年龄；AO 为开阔水域面积；DH 为距人口聚居区的距离；DR 为距主要道路和铁路的距离；SW 为湿地的形状指数；WE 为湿地周围 5 km 范围内湿地的面积。

总体而言，两淮采煤沉陷湿地水鸟群落结构的变化仅有 20% 左右可由所研究的环境因子解释，不同时期，其解释率有所差异。经蒙特卡洛检验，进入最终 RDA 模型的环境因子即对水鸟群落结构的变化具有显著的影响。对水鸟群落结构有显著影响的环境因子因季节不同而有所差异，距人口聚居区的距离（DH）这一因子在所有季节中都有显著的影响，湿地周围 5 km 范围内湿地的面积（WE）和距主要公路和铁路的距离（DR）只在秋季迁徙期有显著影响，湿地年龄（AG）、开阔水域面积（AO）和湿地地形状指数（SW）在其他时期的影响较为显著。所研究的环境因子中，对水鸟群落结构不具有显著影响的有水生植被的面积（AA）、湿地周长（PW）、水面遗弃房屋的数量（HD）、网箱养殖的面积（PE）及周围人口聚居区的面积（PE）。

由具有显著影响的环境因子对水鸟群落进行 RDA 排序，前两个主成分对群落结构变异的贡献率最低为 89.3%（表 5-3）。

表 5-3　两淮采煤沉陷湿地水鸟群落结构与环境因子的 RDA 分析结果

| | 秋季迁徙期 | 冬季迁徙期 | 春季迁徙期 | 整个研究期间 |
|---|---|---|---|---|
| 约束特征值 1 | 0.043 | 0.053 | 0.058 | 0.048 |
| 约束特征值 2 | 0.009 | 0.006 | 0.019 | 0.008 |
| 第一主成分的贡献率（%） | 78.3 | 90.3 | 69.5 | 76.0 |
| 第二主成分的贡献率（%） | 17.2 | 9.7 | 23.2 | 13.3 |
| 累计贡献率（%） | 95.5 | 100.0 | 92.7 | 89.3 |
| 模型显著性 | $F=3.342$, $p=0.001$ | $F=5.194$, $p=0.001$ | $F=4.464$, $P=0.001$ | $F=3.796$, $p=0.001$ |

在 RDA 排序图中（图 5-7），距人口聚居区的距离（DH）、开阔水域面积（AO）和湿地的形状指数（SW）具有较长的投影。在所有的图中，植食性拾取类水鸟与其他类群水鸟分离，几乎与第一轴平行，并在所有季节中，其个体数量与距人口聚居区距离（DH）、湿地年龄（AG）和开阔水域面积（AO）呈负相关。大型涉禽的个体数量在秋季迁徙期与周边湿地面积（WE）呈正相关，而在其他季节与湿地年龄（AG）和水域面积（AO）呈正相关。在所有季节中，小型涉禽偏向于选择距人口聚居区的距离（DH）较远的区域。在春季迁徙期和越冬期，

鸭类的个体数量都与开阔水域面积（AO）正相关。鸥类的个体数量与所研究的环境因子间无显著的相关关系。

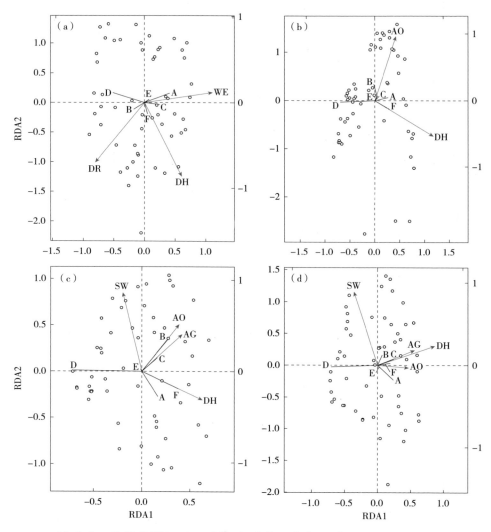

图 5-7　两淮采煤沉陷湿地水鸟群落结构与环境因子的 RDA 排序

注（a）秋季迁徙期；（b）越冬期；（c）春季迁徙期；（d）整个研究期。图中环境因子由带箭头的线段表示，AG 为湿地年龄，AO 为开阔水域面积，DH 为距人口聚居区的距离，DR 为距主要道路和铁路的距离，SW 为湿地形状指数，WE 为湿地周边 5 km 范围内湿地的面积。水鸟集团由不带箭头的线段表示，A 为潜水性鸟类，B 为鸭类，C 为大型涉禽，D 为植食性拾取类水鸟，E 为鸥类，F 为小型涉禽。

在所研究的环境因子中，人为干扰因子在所有季节中均对两淮采煤沉陷湿地的水鸟群落结构产生显著影响；局域尺度的环境因子在秋季迁徙期没有显著影响，但在其他季节中对水鸟群落结构的影响位居第二；景观尺度的环境因子主要在秋季迁徙期对水鸟群落结构产生影响，而在其他季节几乎没有影响；在春季迁徙期和整个研究期间，湿地年龄对水鸟群落结构均有较强的影响（图 5-8）。

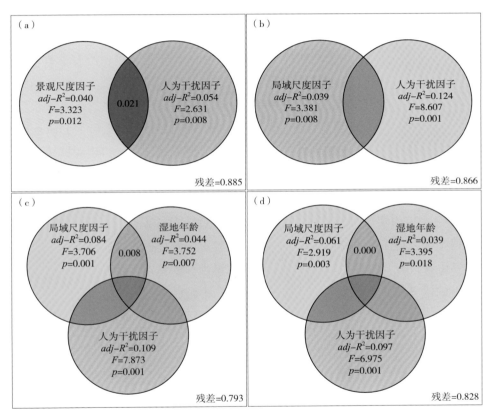

图 5-8　环境因子对两淮采煤沉陷湿地水鸟群落结构影响的方差分解

注：（a）秋季迁徙期；（b）越冬期；（c）春季迁徙期；（d）整个研究期。

在自然湿地退化、丧失的背景下，水鸟已开始大量地利用人工湿地，但人工湿地及其周围环境十分复杂，研究环境因子对水鸟如何利用人工湿地往往具有一定的挑战性[170, 294]。本研究将限制性排序法与方差分解法相结合，剖析了各环境因子对水鸟群落结构的独立作用及其与其他因子的综合作用，从而有助于更全面、客观地了解环境因子对水鸟如何利用人工湿地。在分析环境因子对某个生态学过程的影响时，传统的分析方法对环境因子之间的共线性问题十分敏感，通常的处理方法是去除某些因子，使共线性减弱。但这样的处理会丢失一些环境因子的影响。方差分解法的优势在于，即使环境因子之间存在共线性，也无须将其去除，而是直接将所有的环境因子放入模型进行分析[295]。方差分解法被越来越多地应用于分析环境因子对生物群落结构的影响[296,297]。

RDA 和方差分解的结果表明，环境因子对采煤沉陷湿地水鸟群落结构的影响因季节而异，不同的取食集团间也有所不同。人为干扰因子在所有季节中都是影响最为强烈的因子，说明在这些人工湿地中，人为活动对塑造水鸟群落结构具有十分重要的作用。其中，距人口聚居区的距离是最敏感的因子。大多数水鸟集团倾向于选择远离人口聚居区的区域活动，而植食性拾取类水鸟，如黑水鸡和白骨顶，对人类活动具有较强的适应性[298]，其活动区域离人口聚居区较近。

与其他研究类似[299,300]，与景观尺度的环境因子相比，局域尺度的因子对水两淮采煤沉陷湿地水鸟群落结构的影响更强烈，而前者只在秋季迁徙期具有显著的影响。与预期一致，湿地年龄对水鸟群落结构具有显著的影响，一些类群（如鸭类和大型涉禽）偏向于选择形成时间较长的湿地栖息。这主要是因为地下采煤一直在进行，地表沉陷的范围在扩张，湿地面积和水深都在持续增加，从而为更多的水鸟提供栖息地[43,301,302]。此外，迁徙水鸟也会对形成时间较久的湿地更熟悉，从而选择在此栖息。然而，随着采煤沉陷湿地年龄的增加，由于水产养殖及其他人类活动对湿地的改造，湿地的生境多样性下降，不利于为更多种类的水鸟提供多样的生态位[303]。

## 5.3　小结

两淮采煤沉陷湿地的水鸟群落受局域、景观和人为等多尺度环境因子的影响，环境因子对其水鸟群落的影响存在季节差异，不同的取食集团对环境因子的响应模式也有所差异。在所研究的环境因子中，人为干扰是对水鸟群落影响最大的环境因子，特别是距人口聚居区的距离，这一因子在所有季节中都有显著的影响，而其他环境因子并不是在所有季节中都存在显著的影响。两淮采煤沉陷湿地主要位于淮北平原的农田景观中，因地下采煤造成地表塌陷而形成，周围的采矿及农业生产活动比较频繁，对其中的湿地生物影响较大，特别对水鸟而言。采煤沉陷湿地属于人工湿地，因采煤而产生，因此，这些湿地被广泛地用于水产养殖和光伏发电，而缺乏相应的管理和保护。但这些湿地确实已经吸引了大量水鸟来此栖息，而且随着地下采煤活动的进行，这些湿地仍在持续不断地扩展（附图Ⅵ）。因此，这些湿地可能会吸引越来越多的水鸟来此栖息，水鸟在此面临的威胁亟须得到关注。

# 第6章
# 水鸟群落的嵌套结构

## 6.1　群落的嵌套结构

研究结果表明，两淮采煤沉陷湿地的水鸟群落呈显著的嵌套结构（表6-1）。基于物种个体数-湿地矩阵的分析发现，测度所有湿地和所有物种的指数WNODF体现了比预期更显著的嵌套结构，WNODFc量化群落间的嵌套，WNODFr量化物种间的嵌套，二者也都显示了显著的嵌套结构。各物种的嵌套位序和生活史特征见表6-2。

表6-1　两淮采煤沉陷湿地水鸟群落嵌套结构的分析结果
（分析软件为 NODF）

| 嵌套指标 | 观测值 | 预测值 | $p$ 值 |
|---|---|---|---|
| WNODF | 41.12 | 73.93 ± 1.32 | <0.001 |
| WNODFc | 45.49 | 75.38 ± 1.00 | <0.001 |
| WNODFr | 37.45 | 72.75 ± 1.97 | <0.001 |

表 6-2　两淮采煤沉陷湿地水鸟生活史特征及嵌套位序

| 物种名 | 学名 | 居留型 | 体长（mm） | 窝卵数 | 扩散率（%） | 空间分布范围（km²） | 嵌套位序 |
| --- | --- | --- | --- | --- | --- | --- | --- |
| 小䴙䴘 | Tachybaptus ruficollis | 留鸟 | 258.25 | 5.5 | 18.94 | 962.58 | 1 |
| 黑水鸡 | Gallinula chloropus | 留鸟 | 290.00 | 8.0 | 24.28 | 962.58 | 2 |
| 苍鹭 | Ardea cinerea | 冬候鸟 | 888.00 | 5.0 | 38.34 | 962.58 | 3 |
| 白鹭 | Egretta garzetta | 留鸟 | 596.50 | 4.5 | 35.20 | 495.09 | 4 |
| 凤头䴙䴘 | Podiceps cristatus | 冬候鸟 | 524.00 | 4.5 | 20.09 | 959.04 | 5 |
| 中白鹭 | Ardea intermedia | 夏候鸟 | 666.50 | 4.0 | 39.68 | 492.24 | 6 |
| 大白鹭 | Ardea alba | 冬候鸟 | 888.25 | 4.0 | 36.47 | 829.40 | 7 |
| 白骨顶 | Fulica atra | 冬候鸟 | 392.00 | 9.0 | 24.86 | 962.58 | 8 |
| 绿翅鸭 | Anas crecca | 冬候鸟 | 388.50 | 9.5 | 26.18 | 962.58 | 9 |
| 绿头鸭 | Anas platyrhynchos | 冬候鸟 | 543.75 | 9.0 | 26.78 | 962.58 | 10 |
| 斑嘴鸭 | Anas poecilorhyncha | 留鸟 | 570.50 | 9.5 | 25.92 | 962.58 | 11 |
| 青脚鹬 | Tringa nebularia | 旅鸟 | 318.75 | 4.0 | 31.43 | 962.58 | 12 |
| 须浮鸥 | Chlidonias hybrida | 夏候鸟 | 251.50 | 3.0 | 49.62 | 824.74 | 13 |
| 普通鸬鹚 | Phalacrocorax carbo | 冬候鸟 | 798.00 | 4.0 | 27.36 | 962.58 | 14 |
| 赤膀鸭 | Mareca strepera | 冬候鸟 | 499.50 | 10.0 | 27.28 | 962.58 | 15 |

（续）

| 物种名 | 学名 | 居留型 | 体长（mm） | 窝卵数 | 扩散率（%） | 空间分布范围（km²） | 嵌套位序 |
|---|---|---|---|---|---|---|---|
| 夜鹭 | *Nycticorax nycticorax* | 夏候鸟 | 525.00 | 4.0 | 32.94 | 842.36 | 16 |
| 金眶鸻 | *Charadrius dubius* | 夏候鸟 | 168.00 | 3.5 | 34.53 | 962.58 | 17 |
| 扇尾沙锥 | *Gallinago gallinago* | 旅鸟 | 272.50 | 4.0 | 25.08 | 962.58 | 18 |
| 矶鹬 | *Actitis hypoleucos* | 旅鸟 | 189.25 | 4.5 | 29.54 | 962.58 | 19 |
| 池鹭 | *Ardeola bacchus* | 夏候鸟 | 464.25 | 3.0 | 34.02 | 908.64 | 20 |
| 罗纹鸭 | *Mareca falcata* | 冬候鸟 | 461.25 | 8.0 | 27.14 | 751.21 | 21 |
| 红脚鹬 | *Tringa totanus* | 旅鸟 | 270.00 | 4.0 | 30.82 | 860.71 | 22 |
| 牛背鹭 | *Bubulcus ibis* | 夏候鸟 | 509.75 | 6.0 | 33.99 | 955.94 | 23 |
| 白腰草鹬 | *Tringa ochropus* | 冬候鸟 | 234.00 | 3.5 | 32.24 | 962.58 | 24 |
| 鹤鹬 | *Tringa erythropus* | 旅鸟 | 293.00 | 4.0 | 30.35 | 962.58 | 25 |
| 豆雁 | *Anser fabalis* | 冬候鸟 | 751.75 | 5.5 | 30.04 | 681.85 | 26 |
| 灰头麦鸡 | *Vanellus cinereus* | 旅鸟 | 342.00 | 4.0 | 35.57 | 676.36 | 27 |
| 环颈鸻 | *Charadrius alexandrinus* | 冬候鸟 | 162.50 | 4.0 | 31.08 | 873.54 | 28 |
| 黑翅长脚鹬 | *Himantopus himantopus* | 冬候鸟 | 353.75 | 4.0 | 41.04 | 962.58 | 29 |
| 斑头沙鸭 | *Mergellus albellus* | 冬候鸟 | 413.25 | 8.0 | 22.59 | 959.04 | 30 |

（续）

| 物种名 | 学名 | 居留型 | 体长（mm） | 窝卵数 | 扩散率（%） | 空间分布范围（km²） | 嵌套位序 |
|---|---|---|---|---|---|---|---|
| 红头潜鸭 | *Aythya ferina* | 旅鸟 | 459.25 | 8.0 | 21.02 | 959.04 | 31 |
| 凤头潜鸭 | *Aythya fuligula* | 旅鸟 | 409.75 | 9.0 | 22.64 | 962.58 | 32 |
| 青头潜鸭 | *Aythya baeri* | 旅鸟 | 438.50 | 7.5 | 23.03 | 793.04 | 33 |
| 白眼潜鸭 | *Aythya nyroca* | 冬候鸟 | 385.25 | 9.0 | 21.17 | 831.97 | 34 |
| 黄斑苇鳽 | *Ixobrychus sinensis* | 夏候鸟 | 332.50 | 7.0 | 28.92 | 606.69 | 35 |
| 凤头麦鸡 | *Vanellus vanellus* | 旅鸟 | 315.75 | 4.0 | 36.34 | 962.58 | 36 |
| 赤麻鸭 | *Tadorna ferruginea* | 冬候鸟 | 594.00 | 9.0 | 32.57 | 959.04 | 37 |
| 白眉鸭 | *Spatula querquedula* | 冬候鸟 | 368.75 | 10.0 | 26.51 | 962.58 | 38 |
| 小天鹅 | *Cygnus columbianus* | 冬候鸟 | 1165.5 | 3.5 | 28.30 | 659.93 | 39 |
| 琵嘴鸭 | *Spatula clypeata* | 旅鸟 | 466.25 | 10.0 | 28.11 | 962.58 | 40 |
| 针尾鸭 | *Anas acuta* | 旅鸟 | 567.50 | 8.5 | 28.25 | 962.58 | 41 |
| 白琵鹭 | *Platalea leucorodia* | 旅鸟 | 818.00 | 3.5 | 29.96 | 962.58 | 42 |
| 黑腹滨鹬 | *Calidris alpina* | 旅鸟 | 195.50 | 4.0 | 29.40 | 631.37 | 43 |
| 赤颈鸭 | *Mareca penelope* | 冬候鸟 | 458.25 | 8.5 | 19.36 | 962.58 | 44 |
| 红嘴鸥 | *Larus ridibundus* | 冬候鸟 | 386.75 | 3.0 | 45.68 | 962.58 | 45 |

（续）

| 物种名 | 学名 | 居留型 | 体长（mm） | 窝卵数 | 扩散率（%） | 空间分布范围（km²） | 嵌套位序 |
|---|---|---|---|---|---|---|---|
| 银鸥 | *Larus argentatus* | 冬候鸟 | 614.50 | 2.5 | 43.55 | 438.37 | 46 |
| 鸿雁 | *Anser cygnoid* | 冬候鸟 | 850.25 | 6.0 | 28.94 | 800.62 | 47 |
| 大麻鳽 | *Botaurus stellaris* | 旅鸟 | 676.75 | 5.0 | 32.60 | 772.69 | 48 |
| 青脚滨鹬 | *Calidris temminckii* | 旅鸟 | 147.00 | 4.0 | 32.91 | 962.58 | 49 |
| 水雉 | *Hydrophasianus chirurgus* | 夏候鸟 | 445.00 | 4.0 | 37.20 | 292.11 | 50 |
| 普通秋沙鸭 | *Mergus merganser* | 冬候鸟 | 627.50 | 10.5 | 24.88 | 958.93 | 51 |
| 灰雁 | *Anser anser* | 冬候鸟 | 807.50 | 4.5 | 29.15 | 962.58 | 52 |
| 白额雁 | *Anser albifrons* | 冬候鸟 | 700.00 | 4.5 | 27.96 | 633.50 | 53 |
| 普通燕鸥 | *Sterna hirundo* | 旅鸟 | 341.50 | 3.0 | 55.99 | 881.76 | 54 |
| 翘鼻麻鸭 | *Tadorna tadorna* | 冬候鸟 | 570.75 | 9.0 | 30.40 | 959.04 | 55 |
| 小田鸡 | *Zapornia pusilla* | 旅鸟 | 174.25 | 7.5 | 24.64 | 838.82 | 56 |
| 鸳鸯 | *Aix galericulata* | 冬候鸟 | 429.75 | 9.5 | 26.75 | 606.69 | 57 |
| 长嘴剑鸻 | *Charadrius placidus* | 旅鸟 | 210.75 | 3.5 | 34.05 | 796.58 | 58 |
| 黑喉潜鸟 | *Gavia arctica* | 旅鸟 | 686.25 | 1.5 | 21.23 | 254.14 | 59 |
| 红脚苦恶鸟 | *Zapornia akool* | 留鸟 | 265.00 | 5.0 | 23.14 | 217.77 | 60 |

## 6.2 嵌套结构的成因

两淮采煤沉陷湿地水鸟群落的嵌套结构与选择性灭绝假说的预期相一致，因为在控制其他因子之后，群落的嵌套结构与湿地面积及灭绝风险有关的生活史特征（如空间分布范围）呈显著负相关（表 6-3）。选择性灭绝被认为是生物群落形成嵌套结构的一种主要动力，特别是在破碎化的栖息地中，因为在各斑块状的栖息地中，物种的丧失是十分普遍的[92, 304]。那些对生境面积要求较大的或地理分布范围较狭窄的物种很可能最先走向灭绝，从而形成了一种可预测的灭绝次序[254, 259]。由于湿地面积与嵌套程度呈负相关，因此，在局域尺度上，较大的湿地应得到更多的保护。相反，较小的湿地则没有多大的保护价值，因为其中的水鸟物种基本都已被较大湿地中的水鸟群落所涵盖。此外，通过分析不同生活史物种的灭绝风险，可以使相关的保护策略更加有效[94, 101, 305]。由于地理分布范围狭窄的物种具有更高的灭绝风险，因此，它们应得到更优先的保护[254, 259]。

表 6-3 两淮采煤沉陷湿地及水鸟物种嵌套位序与环境因子和物种生活史之间的关系

| 生境因子 | | | | 物种生活史特征 | | | | |
|---|---|---|---|---|---|---|---|---|
| 湿地面积（hm²） | 景观连接度 | 生境多样性 | 湿地年龄 | 居留型 | 体长（mm） | 窝卵数 | 扩散率 | 空间分布范围（km²） |
| −0.423** | 0.093 | −0.132 | 0.341 | −0.134 | −0.020 | 0.010 | −0.018 | −0.355** |

注：偏斯皮尔曼（Spearman）等级相关系数，* 代表 $p < 0.05$，** 代表 $p < 0.01$。

两淮采煤沉陷湿地水鸟群落的嵌套结构与景观连接度和扩散率均无显著相关关系，故与选择性定居假说的预期不一致。景观连接度和扩散率与嵌套结构无显著关联的原因可能在于：①两淮采煤沉陷湿地虽然彼此间有不同程度的隔离，但对迁移能力较强的水鸟不构成障碍；②所研究的湿地之间一些较小的湿地可能作为迁移过程中的跳板，从而减弱了隔离效应[305, 306]；③生境隔离的生物学或生态学测量十分困难[307, 308]。因此，即使选择性定居假说对群落的嵌套有贡献，也很难被检测到。

　　在控制其他因子之后，嵌套与生境多样性无显著相关关系，故水鸟群落的嵌套结构也不是由生境嵌套而形成（表6-3）。生境嵌套被认为是解释生物群落嵌套的最简洁的过程，因为它直接指向物种与其栖息地之间的关联[309]。直到目前为止，仍没有研究明确发现生境嵌套与物种嵌套之间的关系。本研究与之前的几个研究结果相似[93,101,309]。在采煤沉陷湿地，生境嵌套与物种嵌套之间的关系很弱，其主要原因可能是各湿地在生境多样性方面的差异较小。由于两淮地区人口密度大，人为干扰强烈，采煤沉陷湿地主要由开阔水域和少许水生植被构成，而没有其他的生境类型，如泥滩、草滩等。在以后的研究中，可以考虑将不同水深的分布作为环境因子，分析其对水鸟群落结构的影响。

　　此外，所有的观测点都位于随机置换模型预测的种－面积曲线标准差范围之外，因此，水鸟群落的嵌套结构也不是由被动采样造成的（图6-1）。有学者认为，生物群落的嵌套结构是由于不同个体数的物种在采样时被观察、记录到的可能性不同造成的，即被动采样假说[97,310]。在本研究中，被动采样对水鸟群落嵌套结构的贡献很小。尽管有些生态学家认为被动采样假说的检验应放在检验其他假说之前[97,310]，然而，由于获取物种个体数量的难度较大，被动采样假说很少被检验[92]。本研究对被动采样的检验可以为被动采样假说的检验提供新的案例[94,101,311]。

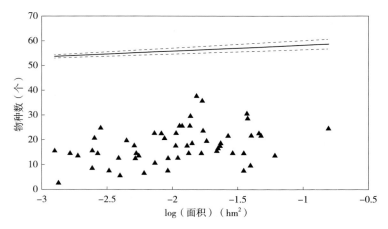

图 6-1　两淮采煤沉陷湿地水鸟群落种－面积关系的实测值与
随机置换模型预测值的比较

注：实心三角形代表实测值，实线代表预测值，虚线代表预测值的标准差范围。

## 6.3　小结

两淮采煤沉陷湿地的水鸟群落呈显著的嵌套结构。在控制其他因子之后，水鸟群落的嵌套程度与湿地面积及物种分布范围呈显著负相关关系，表明其嵌套结构主要归因于选择性灭绝过程，而不是由被动采样、选择性定居或生境嵌套造成。基于本研究，从物种保护的角度出发，两淮采煤沉陷湿地中，较大的湿地和分布范围较小的水鸟物种应优先得到保护。

对于两淮采煤沉陷湿地水鸟群落嵌套结构的研究，有两点不足之处需要说明。首先，本研究没有很好地将由生境面积介导的选择性灭绝与由目标效应介导的选择性灭绝分离开。目标效应表明，由于大的生境斑块易于被动物发现，因此，其被定居的概率也较大[312]。由于本研究关于水鸟嵌套结构的数据具有较小的时间尺度，因此，目标效应无法被检验，这需要有更长时间尺度的系统监测。此外，不同物种被发现的可能性有所差异[253, 313]，这对本研究中有关物种个体数量的调查有所影响，并进而对被动采样的检验结果有所影响。对两淮采煤沉陷湿地的水鸟群落和环境因子开展长期、系统的监测，可以更好地解决以上问题。

# 第7章
# 水鸟群落的构建机制

## 7.1 物种多样性

2016—2017 年调查期间，共记录到 62 个水鸟物种。去除少于 3 次记录的水鸟物种后，共得到 51 个物种，其中，秋季迁徙期物种 48 个，越冬期物种 44 个，春季迁徙期物种 47 个，夏季繁殖期物种 18 个（附表 II 和 III）。

两淮采煤沉陷湿地水鸟群落多维度多样性指数存在显著的季节差异，不同指数的季节差异也不一致（图 7-1）。秋季的物种丰富度最高，夏季最低，而冬季与春季没有显著差异（$F_{3, 150}=55.67$，$p < 0.001$）。物种分类多样性指数（Simpson 指数）在秋季最高，而在其他季节间没有显著差异（$F_{3, 150}=6.0$，$p < 0.001$）。谱系 MPD（平均成对距离）在秋季最高，在夏季最低（$F_{3, 150}=8.94$，$p < 0.001$）；谱系 MNTD（平均最近分类单元距离）在夏季最高，而在其他季节间没有显著差异（$F_{3, 150}=17.30$，$p < 0.001$）。功能 MPD 在秋季和春季迁徙期最高，而在夏季最低（$F_{3, 150}=14.77$，$p < 0.001$）；功能 MNTD 在冬季和春季较高，而在秋季和夏季较低（$F_{3, 150}=8.69$，$p < 0.001$）。

谱系最近相对指数（NRI，即标准化的 MPD）在所有季节中均大于 0；谱系最近分类指数（NTI，即标准化的 MNTD）在冬季和春季大于 0，而在其他季节与 0 无显著差异。功能 NRI 在春季与 0 无显著差异，而在其他 3 个季节均大于 0；功能 NTI 在夏季大于 0，而在其他 3 个季节均与 0 无显著差异（图 7-2）。

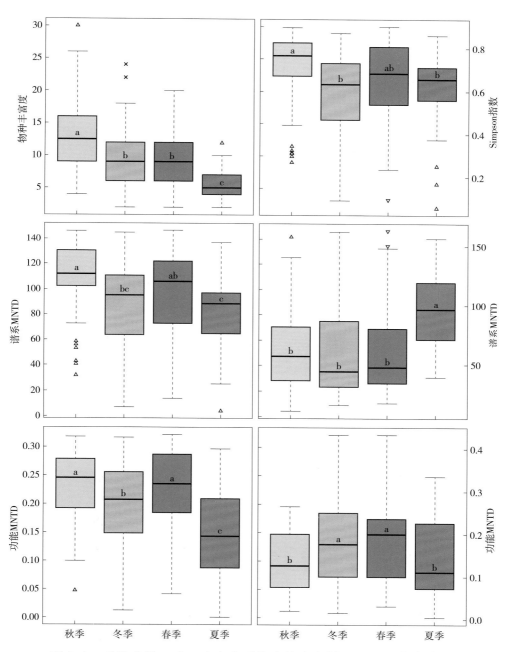

图 7-1　两淮采煤沉陷湿地水鸟群落多维度多样性指数的季节差异

注：具有相同字母的季节间差异不显著。

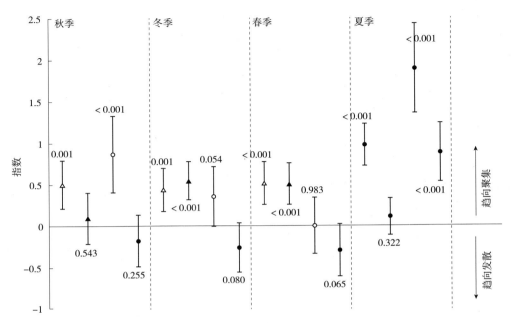

图 7-2　两淮采煤沉陷湿地水鸟群落的谱系最近相对指数、
谱系最近分类指数、功能 NRI 和功能 NTI。

　　注：空心三角形代表 NRI，实心三角形代表 NTI，空心圆圈代表功能与 NRI，实心圆点代表功能 NTI。NRI 或 NTI 大于 0 时，表明群落功能上或谱系上聚集，而 NRI 或 NTI 小于 0 时，其功能或谱系上呈发散状态。

　　具有显著影响的环境因子对多维度多样性指数变异的解释率为 10.4% 至 53.4%，环境因子对标准化功能多样性的影响比对谱系多样性的影响更强（表 7-1）。具体而言，仅在秋季发现生境多样性（HD）与谱系 NRI 呈负相关关系，仅在冬季发现湿地年龄（AG）与谱系 NTI 呈负相关关系，而湿地年龄在所有季节都与功能 NRI 和 NTI 呈正相关关系，冬季的功能 NTI 与湿地面积（AW）、开阔水域面积（AO）和距人口聚居区距离（DH）呈正相关关系，夏季的功能 NTI 与水生植被面积（AA）呈负相关关系。周边 5 km 范围内湿地的面积（TA）在冬季与功能 NRI 负相关，而在夏季与功能 NTI 正相关。未发现湿地形状指数与任何多样性指数存在显著的相关关系。

表 7-1　两淮采煤沉陷湿地环境因子对水鸟群落多维度多样性指数变异的解释率及回归系数

| 季节 | 多样性指数 | R² | AG | DH | AW | AO | AA | HD | TA | SW |
|---|---|---|---|---|---|---|---|---|---|---|
| 秋季 | 谱系 NRI | 0.132 | 6.13 | 1.39 | -6.57 | 6.79 | 6.15 | **-61.56** | 2.62 | -8.79 |
| | 谱系 NTI | / | **-11.76** | -29.45 | -13.59 | -12.76 | -6.03 | 2.78 | -4.82 | 18.81 |
| | 功能 NRI | 0.245 | 14.55 | 3.13 | 11.53 | 14.80 | -7.40 | **-39.58** | 3.87 | -5.15 |
| | 功能 NTI | 0.310 | **21.96** | 5.92 | 10.32 | 13.23 | -8.41 | **-27.71** | 10.19 | -2.24 |
| 冬季 | 谱系 NRI | / | 19.08 | -4.79 | 2.73 | 3.19 | 1.15 | -3.48 | -25.61 | -39.97 |
| | 谱系 NTI | 0.112 | **-58.55** | -0.81 | -2.83 | -3.06 | 4.01 | 10.38 | -13.49 | 6.87 |
| | 功能 NRI | 0.104 | **22.11** | 11.26 | 9.25 | 11.72 | -7.09 | -5.42 | **-30.65** | -2.52 |
| | 功能 NTI | 0.482 | **29.61** | **20.14** | **11.82** | **14.49** | -8.68 | -7.43 | 2.77 | -5.07 |
| 春季 | 谱系 NRI | / | 40.22 | -2.16 | 9.92 | 10.34 | 8.30 | -10.68 | 3.65 | -14.73 |
| | 谱系 NTI | / | -17.19 | -9.83 | 5.32 | 4.14 | 6.81 | 10.09 | 0.88 | 45.75 |
| | 功能 NRI | 0.117 | **35.23** | 11.47 | 11.77 | 12.95 | 1.38 | -16.70 | 9.01 | 1.48 |
| | 功能 NTI | 0.169 | 12.92 | 16.69 | 12.59 | 14.78 | 1.40 | **-19.01** | 11.69 | -10.92 |
| 夏季 | 谱系 NRI | / | -6.41 | -6.59 | 17.96 | 15.48 | 42.27 | -5.34 | 0.76 | -5.19 |
| | 谱系 NTI | / | -15.88 | 2.05 | -14.41 | -17.24 | 4.71 | -4.12 | 40.66 | -0.92 |
| | 功能 NRI | 0.263 | 9.60 | 2.04 | 9.07 | 10.26 | -6.08 | **-46.80** | 10.74 | -5.42 |
| | 功能 NTI | 0.534 | 1.21 | 2.58 | 7.03 | 8.20 | **-14.63** | -39.56 | 25.28 | -1.50 |

注：回归关系达显著水平的以粗体字显示。AG 代表湿地年龄；DH 代表距人口聚居区的距离；AO 代表水域面积；AW 代表湿地面积；AA 代表水生植被面积；HD 代表生境多样性指数；TA 代表湿地形状指数；SW 代表湿地周边 5 km 范围内湿地的面积；NRI 代表最近相对指数；NTI 代表最近分类指数。

## 7.2　群落的构建机制

总体而言,两淮采煤沉陷湿地水鸟群落的多样性在秋季迁徙期最高(图7-1)。在东亚－澳大利西亚候鸟迁徙路线上自然湿地退化、丧失的背景下[42,314],两淮矿区大规模采煤形成的大面积湿地可以为该迁徙路线上的水鸟提供补偿性的迁徙停歇地、繁殖地和越冬地,尤其是在秋季迁徙期,繁殖后期有更多的水鸟南迁越冬,经过两淮采煤沉陷湿地并在此停歇或越冬。水鸟群落功能和谱系 MPD 的季节动态与物种丰富度(SR)和分类多样性(TD)相似,说明水鸟群落总体的功能与谱系分异性随着物种的增多而增加。然而,功能 MNTD 和谱系 MNTD 在秋季很低,并且与其他多样性指数的差异较大,表明所研究的水鸟群落在功能和谱系上的聚集性。MPD 和 MNTD 是衡量生物多样性的两个分异性指标,分别测度生物群落总体的分异性和终端聚集的程度,它们对物种数增加的反应可能有所不同[275]。在本研究中,不同指数季节格局的不同,也说明了在测度生物群落多样性时采用多维度多样性指数的必要性[315]。

NRI 和 NTI 多为正值,说明两淮采煤沉陷湿地水鸟群落主要由功能特征相似、谱系关系较近的物种组成,也即功能和谱系上聚集,这表明了环境筛选在水鸟群落构建过程中的重要作用。环境筛选假说认为,生物群落所在空间的各种环境因子就像筛子一样,筛选功能特征相似的物种共存于同一群落,使其群落在功能上和谱系上呈聚集状态[123]。而生态位假说认为,种间竞争在群落构建中起主要作用,竞争使生态位相似的物种不能共存于同一群落(相似性限制),从而使群落在功能和谱系上呈发散状态[114,115]。本研究的结果支持环境筛选假说,而不支持生态位假说。此外,由于具有较强的扩散能力及对环境快速的反应能力,水鸟群落的构建也不能归因于随机过程或优先效应(即先锋物种对群落的构建具有决定性影响)[316,317]。

在生物群落的构建过程中,环境筛选和相似性限制的相对重要性取决于尺度。例如,有研究认为,随着空间尺度的增加,哺乳动物和植物群落的功能多样性或谱系多样性趋向于聚集[318-320]。与此相反,本研究的尺度虽小,但水鸟群落在功能和谱系上呈聚集状态,这与 Gómez 等[128]在新热带界鸟类群落的研究结果一致。可能的原因在于,水鸟对湿地的依赖程度较高,形成了较强的水鸟－生境关系[321]，因此，在小尺度上，环境筛选的作用强度超过种间互作的强度。此外，不同水鸟物种的迁徙时间有所差异，导致它们在同一湿地中的相互作用具有时间上的不稳定性（特别是在迁徙季节），从而使相似性限制在群落构建的作用减弱[314]。

## 7.3　环境对群落构建过程的影响

两淮采煤沉陷湿地水鸟群落的构建过程在不同的季节受不同环境因子的影响（表 7-1）。总体而言，相比于谱系多样性，环境因子对标准化的功能多样性具有更强的影响，表明环境筛选的作用主要在于表型特征。地区物种库一般由大尺度、长时间定居 - 灭绝过程所决定[322, 323]，而局域尺度生物群落的物种组成存在较大的时空差异，这些物种会对生境进行选择以应对生态环境的变化。在主要由迁徙水鸟组成的群落中尤其如此，因为水鸟具有较强的扩散能力及对生境变化的响应能力。同样地，环境对功能 NTI 的影响比对功能 NRI 的影响更强烈。生态过程对功能多样性的影响因其计算方法的不同而有所差异。功能 NRI 测度群落中所有物种总体的差异性，而功能 NTI 则对功能树末端的种间关系更敏感[273]。因此，影响 NRI 的环境变化可能发生的时间较早，而影响 NTI 的环境变化发生的时间较近[315]。这些结果表明，环境筛选作用在繁殖时间尺度上影响着生物群落的构建，尤其是那些主要由活动性很强的物种所组成的群落。

随着生境多样性的增加，功能 NRI 和 NTI 均有所下降，表明水鸟群落由功能聚集趋向于功能发散。在环境的筛选作用下，异质性高的生境允许更多不同生态需求的物种共存于相对独立的空间中[122, 324]。在环境变化背景下，群落物种功能空间的发散有利于保持物种多样性的稳定，并维持谱系多样性[325, 326]。然而，两淮采煤沉陷湿地的生境多样性较低，从而造成其水鸟群落功能特征趋于简化。对此，亟须开展进一步系统研究，因为较低的功能多样性使群落发挥的生态系统功能有限，从而使水鸟群落对人类主导的环境更加敏感。在面积较大、形成时间较早、开阔水域面积较大的湿地中，水鸟群落更趋向于功能聚集，这也说明了生境多样性在水鸟群落构建过程中的重要作用。由于两淮矿区的地下采煤仍在持续进行，很多湿地随着时间的推移而不断扩大[303]。在这些不断扩大的沉陷湿地中，水生植被逆行演替，开阔水域面积也因水产养殖而不断扩大，从而使采煤沉陷湿地的生境趋向于同质化[42]。与异质性的生境类似，景观连接度较好的湿地可以吸引更多的水鸟物种[315]，从而使水鸟群落在功能上更为发散，特别是在冬季。然而，水鸟在繁殖季对局域尺度的环境更加依赖。因此，其群落在功能上更加聚集[4]。此外，在远离人口聚居区的湿地中，水鸟群落在功能上更加聚集，这表明随着人为干扰的增加，水鸟群落的功能冗余性降低。这在其他一些研究中也有所发现[327,328]。功能冗余性的降低可能会减弱生物群落对未来干扰的响应能力[329]。

## 7.4　小结

本研究发现，两淮采煤沉陷湿地水鸟群落在功能和谱系上呈聚集状态，表明环境筛选在其群落构建过程中发挥了重要的作用。在此过程中，环境因子的作用在不同的季节和多样性指数间存在差异。由于功能多样性主要受较短时间的生态过程影响，因此，环境因子对功能多样性的影响更强烈。随着生境多样性的增加，水鸟群落从功能聚集趋向于功能发散，表明了环境异质性在维持功能和谱系多样性过程中的重要作用。两淮采煤沉陷湿地为东亚－澳大利西亚候鸟迁徙路线的大量水鸟提供了补偿性的栖息地，但这些水鸟在此同样受到多种威胁[56]。为了更好管理和保护这些特征类型人工湿地中的水鸟，本研究建议：①增加湿地的生境多样性和景观连接度；②降低人为干扰；③随着两淮采煤沉陷湿地的不断扩展，对其中的水鸟群落开展长期、系统的监测。

# 第8章
# 水鸟群落的 β 多样性

## 8.1　水鸟群落物种及功能丰富度

参与本章有关计算的 46 个采煤沉陷湿地中，共记录到 51 个水鸟物种，其中，秋季 48 个，冬季 44 个，春季 47 个；每个湿地水鸟物种数为 4 个至 30 个，平均而言，秋季为 14.2 ± 5.2 个，冬季为 10.8 ± 4.3 个，春季为 10.8 ± 4.7 个。每个湿地水鸟群落功能丰富度从 0.1% 至 77.4%，平均而言，秋季 27.0%，冬季为 18.8%，春季为 17.7%。水鸟群落的功能丰富度与物种数成正比（图 8–1）。

PCoA 的前 3 个主坐标包含了全部信息的 77.5%，这 3 个主坐标用于构建功能空间。物种在所构建的三维功能空间中的欧式距离与 Gower 功能距离显著相关（秋季）$r_M$=0.944，$p$=0.001；冬季，$r_M$=0.948，$p$=0.001；春季，$r_M$=0.946，$p$=0.001），表明由 PCoA 降维造成的信息损失很小，对物种间功能距离及功能多样性的计算影响较小。

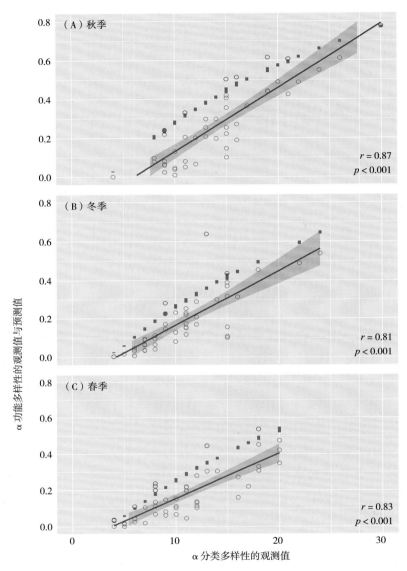

图 8-1　两淮采煤沉陷湿地水鸟群落 α 分类多样性观测值与
α 功能多样性观测值及预测值的关系

　　注：图中灰色条柱表示每个采煤沉陷湿地水鸟群落 999 次随机模拟的 α 功能多样性预测值的 95% 置信区间；低于预测平均值的 α 功能多样性观测值用红色圆圈表示，高于预测值的 α 功能多样性观测值用蓝色圆圈表示；α 分类与功能多样性观测值之间的线性关系用蓝色趋势线表示，其灰色区域为 95% 置信区间。

## 8.2　β 多样性及其组分

在所研究的 46 个采煤沉陷湿地水鸟群落中，两两群落间（1035 对）β 分类多样性从 0.04 到 0.91，在春季最高，而在冬季最低（$F_{2, 2068}=83.92$，$p < 0.001$）。在 3 个季节的 β 分类多样性中，物种周转组分几乎是嵌套组分的 2 倍（秋季，$t=24.21$，$p < 0.001$；冬季，$t=16.44$，$p < 0.001$；春季，$t=19.21$，$p < 0.001$）。两两群落间 β 功能多样性从 0.002 到 1，在春季最高，而在其他两个季节间无显著差异（$F_{2, 2068}=6.16$，$p=0.002$）。在 3 个季节中，功能周转组分显著低于功能嵌套组分（秋季，$t=-6.42$，$p < 0.001$；冬季，$t=-8.49$，$p < 0.001$；春季，$t=-5.23$，$p < 0.001$）。β 功能多样性及其嵌套组分显著地高于相应的分类学指标，而功能周转组分显著低于物种周转组分（表 8-1）。无论是否控制湿地间空间距离的影响，β 功能多样性及其两个组分都与相应的分类学指标呈正相关关系（表 8-2；图 8-2，8-3，8-4）。

尽管第 6 章的相关研究结果表明，两淮采煤沉陷湿地的水鸟群落存在显著的嵌套结构[42]，但在 β 分类多样性的组分中，物种周转仍然大于嵌套，这与在其他很多生态系统和生物类群中的发现是一致的[152]。相反，在 β 功能多样性的组分中，功能嵌套大于功能周转。Villéger 等[159] 和 Si 等[34] 也发现了 β 分类与功能多样性组分的相反结果，并认为这主要归因于频繁的物种周转主要涉及功能冗余的物种。一方面，较高的物种周转表明，在物种丰富度相似但物种组成不同的群落间，物种替换是十分显著的[153]。迁徙水鸟具有很强的扩散能力，从而减弱了嵌套在形成 β 分类多样性中的作用[155, 330]。另一方面，尽管每个采煤沉陷湿地环境异质性较低，但湿地之间的环境差异较大，这种差异使每个湿地对水鸟群落的筛选结果存在差异[331]。由于采煤沉陷湿地间生境多样性的差异较大，因此，其水鸟群落的功能嵌套可能主要是由湿地间环境筛选作用强度的不同造成的。当然，较高的功能嵌套也可能与功能特征的选择有关，因为功能特征的选择很大程度上决定了功能多样性的计算结果[272]。例如，与分类变量相比，连续型数值变量（如体型大小）可能会低估功能嵌套的大小，这是因为连续型数值变量对于所有物种都会有非 0 的取值。

表8-1　两淮采煤沉陷湿地水鸟群落 β 分类多样性和功能多样性及其组分

| 季节 | β 多样性 | 周转组分 | 嵌套组分 | $S_{12}$ [$V_{12}$] | $S_1+S_2$ [$V_1+V_2$] | $\lvert S_1-S_2\rvert$ [$\lvert V_1-V_2\rvert$] | Min ($S_1$, $S_2$) [Min ($V_1$, $V_2$)] |
|---|---|---|---|---|---|---|---|
| 分类多样性 | | | | | | | |
| 秋季 | 0.49±0.14 | 0.35±0.18 (69.4%±25.8%) | 0.14±0.12 (30.6%±25.8%) | 7.4±2.93 | 13.69±4.65 | 5.78±4.63 | 3.95±2.25 |
| 冬季 | 0.46±0.13 | 0.30±0.16 (64.3%±27.9%) | 0.16±0.13 (35.7%±27.9%) | 5.82±2.28 | 9.92±3.72 | 4.8±3.84 | 2.56±1.64 |
| 春季 | 0.52±0.14 | 0.35±0.18 (66.3%±27.3%) | 0.17±0.14 (33.7%±27.3%) | 5.24±2.41 | 11.22±3.93 | 5.31±3.9 | 2.95±1.94 |
| 功能多样性* | | | | | | | |
| 秋季 | 0.62±0.24 ($t=-18.5$, $p<0.001$) | 0.27±0.27 (43.0%±34.9%) ($t=11.4$, $p<0.001$) | 0.35±0.27 (57.0%±34.9%) ($t=-30.4$, $p<0.001$) | 0.12±0.12 | 0.29±0.14 | 0.23±0.16 | 0.03±0.04 |
| 冬季 | 0.62±0.22 ($t=-28.2$, $p<0.001$) | 0.26±0.27 (40.3%±36.7%) ($t=6.5$, $p<0.001$) | 0.37±0.28 (59.7%±36.7%) ($t=-29.5$, $p<0.001$) | 0.08±0.08 | 0.21±0.12 | 0.17±0.14 | 0.02±0.03 |

（续）

| 季节 | β 多样性 | 周转组分 | 嵌套组分 | $S_{12}$<br>$[V_{12}]$ | $S_1+S_2$<br>$[V_1+V_2]$ | $\lvert S_1-S_2 \rvert$<br>$[\lvert V_1-V_2 \rvert]$ | Min $(S_1, S_2)$<br>$[$Min $(V_1, V_2)]$ |
|---|---|---|---|---|---|---|---|
| 春季 | $0.64 \pm 0.23$<br>（$t=-18.6,\ p<0.001$） | $0.28 \pm 0.28$<br>（$44.2\% \pm 35.8\%$）<br>（$t=9.4,\ p<0.001$） | $0.36 \pm 0.29$<br>（$55.8\% \pm 35.8\%$）<br>（$t=-26.7,\ p<0.001$） | $0.07 \pm 0.07$ | $0.2 \pm 0.11$ | $0.16 \pm 0.12$ | $0.02 \pm 0.03$ |

注：各季节分类多样性与功能多样性的差异由配对 $t$ 检验进行检验，其结果展示在功能多样性后括号内；在计算两两群落间 β 多样性时，$S_1$ 和 $S_2$ 分别是群落 1 和 2 的物种数，$S_{12}$ 是两个群落共有的物种数，$V_1$ 和 $V_2$ 分别是群落 1 和 2 在功能空间中占据的体积，$V_{12}$ 是两群落在功能空间中凸多面体交叠部分的体积，具体见图 3-8。$S_1$、$S_2$ 和 $S_{12}$ 用于 β 分类多样性的计算，$V_1$、$V_2$ 和 $V_{12}$ 用于 β 功能多样性的计算。

表 8-2　两准采煤沉陷湿地水鸟群落 β 功能多样性及其各组分与相应的分类学指标的相关关系

| 季节 | β 多样性 | Turnover | Nestedness |
|---|---|---|---|
| Mantel 检验 | | | |
| 秋季 | $r_M=0.406,\ p<0.001$ | $r_M=0.519,\ p<0.001$ | $r_M=0.604,\ p<0.001$ |
| 冬季 | $r_M=0.584,\ p<0.001$ | $r_M=0.510,\ p<0.001$ | $r_M=0.626,\ p<0.001$ |
| 春季 | $r_M=0.457,\ p<0.001$ | $r_M=0.521,\ p<0.001$ | $r_M=0.634,\ p<0.001$ |
| 偏 Mantel 检验 | | | |
| 秋季 | $r_M=0.411,\ p<0.001$ | $r_M=0.515,\ p<0.001$ | $r_M=0.603,\ p<0.001$ |
| 冬季 | $r_M=0.594,\ p<0.001$ | $r_M=0.525\ p<0.001$ | $r_M=0.629,\ p<0.001$ |
| 春季 | $r_M=0.467,\ p<0.001$ | $r_M=0.523,\ p<0.001$ | $r_M=0.633,\ p<0.001$ |

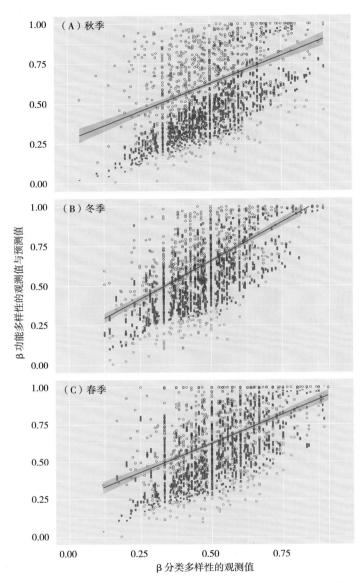

图 8-2　两淮采煤沉陷湿地水鸟群落两两配对 β 分类多样性与
功能多样性的观测值及预测值

注：图中灰色条柱表示每个配对水鸟群落 999 次随机模拟的 β 功能多样性预测值的 95%
置信区间；低于预测平均值的 β 功能多样性观测值用红色圆圈表示，高于预测值的 β 功能多
样性观测值用蓝色圆圈表示；β 分类与功能多样性观测值之间的线性关系用蓝色趋势线表示，
其灰色区域为 95% 置信区间。

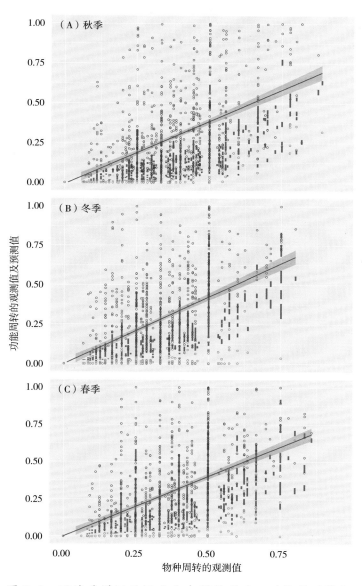

图 8-3 两淮采煤沉陷湿地水鸟群落两两配对物种周转与
功能周转的观测值及预测值

注：图中灰色条柱表示每个配对水鸟群落 999 次随机模拟的功能周转预测值的 95% 置信区间；低于预测平均值的功能周转观测值用红色圆圈表示，高于预测值的功能周转观测值用蓝色圆圈表示；物种周转与功能周转观测值之间的线性关系用蓝色趋势线表示，其灰色区域为 95% 置信区间。

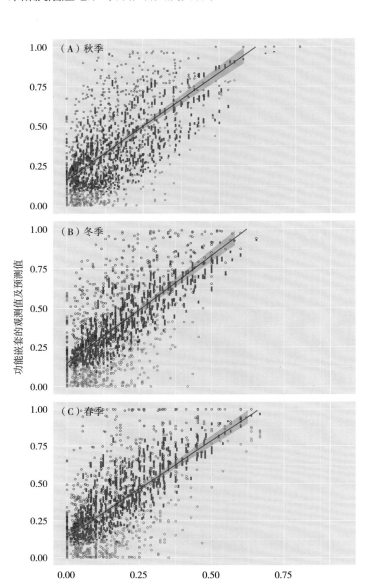

图 8-4　两淮采煤沉陷湿地水鸟群落两两配对物种嵌套与
功能嵌套的观测值及预测值

注：图中灰色条柱表示每个配对水鸟群落 999 次随机模拟的功能嵌套预测值的 95% 置信
区间；低于预测平均值的功能嵌套观测值用红色圆圈表示，高于预测值的功能嵌套观测值用
蓝色圆圈表示；物种嵌套与功能嵌套观测值之间的线性关系用蓝色趋势线表示，其灰色区域
为 95% 置信区间。

## 8.3 功能多样性的观测值及预测值

在秋、冬、春 3 个季节所分析的 46 个采煤沉陷湿地中，α 功能多样性的观测值均显著低于其随机预测值（表 8-3；图 8-1）。在 3 个季节的 1035 个湿地水鸟群落两两配对中，β 功能多样性的观测值高于随机预测值的配对占比 50%（表 8-3；图 8-2）；在秋季和春季，功能周转观测值高于预测值的配对占比 50%（表 8-3；图 8-3）；而功能嵌套观测值高于预测值的配对占比在任何一个季节都不显著地高于 50%（表 8-3；图 8-4）。

表 8-3 两淮采煤沉陷湿地水鸟群落 α，β 功能多样性观测值高于预测值的湿地数量或配对数量

| | α 功能多样性 | β 功能多样性 | 功能周转 | 功能嵌套 |
|---|---|---|---|---|
| 参与分析的湿地及配对数 | 46 | 1035 | 1035 | 1035 |

α 功能多样性观测值均显著低于随机预测值的湿地数量、两两配对 β 功能多样性及其两个组分的观测值高于随机预测值的配对数量

| | | | | |
|---|---|---|---|---|
| 秋季 | **39**（$\chi^2$=22.3, $p$< 0.001） | **861**（$\chi^2$=456.0, $p$ < 0.001） | **660**（$\chi^2$=78.5, $p$ < 0.001） | 544（$\chi^2$=2.7, $p$=0.099） |
| 冬季 | **42**（$\chi^2$=31.4, $p$< 0.001） | **799**（$\chi^2$=306.3, $p$ < 0.001） | 534（$\chi^2$=1.1, $p$=0.305） | 489（$\chi^2$=3.1, $p$=0.076） |
| 春季 | **38**（$\chi^2$=23.3, $p$< 0.001） | **684**（$\chi^2$=107.1, $p$ < 0.001） | **576**（$\chi^2$=13.2, $p$ < 0.001） | 478（$\chi^2$=6.0, $p$=0.014） |

注：比例显著大于 50% 的，加粗表示。

与第 7 章功能多样性的研究结果一致，本章所采用方法的结果显示，在两淮采煤沉陷湿地中，大多数水鸟群落的 α 功能多样性观测值低于随机预测值。较低的 α 功能多样性可能归因于非随机过程导致的功能聚集，例如，环境筛选作用使群落的功能多样性降低[332, 333]。这个过程与选择性灭绝相似，即不能适应特定环境条件的物种将灭绝，从而导致功能上相似的物种共存于同一

群落[34, 334]。若群落构建过程是随机的，广泛的物种扩散会促进群落间物种组成的同质化，从而导致较低的 β 分类与功能多样性[335]。在两淮采煤沉陷湿地，水鸟群落主要由扩散能力很强的迁徙物种组成。然而，大多数群落间的 β 功能多样性观测值却高于随机预测值，这可能与不同湿地间环境的差异有关。因为不同湿地的环境对不同功能特征的水鸟有利，从而在不同的湿地中形成了不同的水鸟功能聚集[34, 331]。这个结果也证明了，在两淮采煤沉陷湿地水鸟群落的构建过程中，非随机过程（如环境筛选作用）起到了十分重要的作用。这也可以解释为什么在所有季节中，水鸟群落在功能特征方面的差异比物种组成上的差异更大。由于物种的功能特征不同，可以预见，群落中物种数的增加将会使其功能空间体积的增大[34, 159]。尽管如此，环境筛选作用却抑制了功能空间随物种数增加而膨胀，加之环境筛选作用导致与特定环境相适应的功能特征聚集，从而使群落间功能相异性增加[333]。此外，尽管大多数采煤沉陷湿地的 α 功能多样性观测值低于预测值，大多数水鸟群落间 β 功能多样性观测值高于预测值（说明了非随机过程在其群落构建过程中的重要作用），但仍有不少相反的结果，这表明，在群落构建过程中，随机过程也起到了一定的作用[34]。

## 8.4　小结

　　两淮采煤沉陷湿地水鸟群落的 β 功能多样性及其周转和嵌套组分与相应的分类学指标呈正相关关系，β 功能多样性高于分类多样性，前者主要由功能嵌套形成，而后者主要由物种周转形成。在大多数群落中，α 功能多样性观测值低于其随机预测值，而在大多数两两群落配对中，β 功能多样性高于其随机预测值，表明非随机过程（如环境筛选作用）在水鸟群落构建中的重要作用。将 β 多样性分解为周转和嵌套组分，并对二者进行比较，在生物多样性保护中具有十分重要的意义[336]。具体而言，若嵌套对 β 多样性的贡献较大，则表明，α 多样性较高的群落应得到优先保护，因为群落间在物种组成方面的互补性较小。相反，如果周转组分的贡献较大，则应保护大多数群落。为了保护两淮采煤沉陷湿地的水鸟群落，较高的物种周转表明，应对大多数的湿地进行保护，特

别是那些具有较高 α 功能多样性的湿地。鉴于非随机过程（如环境筛选作用）在其水鸟群落构建中的重要作用，这些湿地中的生境多样性应得到加强，从而为多种水鸟提供适宜栖息地。此外，由于采煤沉陷湿地所处的环境变化剧烈，应加强对其环境和水鸟群落多层次多样性指数的监测，以便制定更有效的保护计划。

# 第9章
# 两淮采煤沉陷湿地水鸟面临的威胁与
# 保护建议

## 9.1 两淮采煤沉陷湿地对水鸟的重要意义

本研究表明，两淮采煤沉陷湿地已吸引了大量的水鸟来此栖息（附图Ⅷ）和春、秋迁徙期，其群落涵盖了迁徙时途经此区域的大多数水鸟物种，其中不乏国家重点保护野生物种，如青头潜鸭、小天鹅、白琵鹭等[63]。与同时期淮河和长江流域的天然湖泊相比，两淮采煤沉陷湿地的水鸟种类较多、个体密度较大，仅次于升金湖（国际重要湿地、国家级自然保护区）（表4-3）。

两淮采煤沉陷湿地自形成时即被各种水鸟所利用，随着沉陷的持续，在此栖息的水鸟群落物种组成发生很大变化。在沉陷的地表刚开始积水、形成沼泽时，陆生植被逐渐被湿生植被替代，此时，黑水鸡、须浮鸥和小型鸻鹬类等即开始利用这些湿地；当积水逐渐变深，植被持续发生逆行演替，湿地环境发生很大变化，水鸟群落也因此发生显著变化，偏好开阔水域的水鸟逐渐被吸引而来，如鸭类、雁类、天鹅、鸊鷉、鸥鹬等[48-50]。随着沉陷时间的延长，湿地的面积不断增大，可以为水鸟提供更多的栖息空间和资源；同时，水鸟也会对较早形成的湿地更熟悉，因此，在这些湿地中，水鸟种类和数量有所增长。

水鸟是湿地生态系统不可或缺的组成部分，发挥着重要的生态系统功能[36]。由于对湿地的依赖程度极高，对环境因子的变化非常敏感，水鸟也常被作为湿地环境变化的指示物种。湿地的退化、丧失在造成湿地生物多样性下降的同时，对水鸟的生存产生了巨大的威胁，是全球水鸟种群下降的主要原因[169, 337]。湿地水鸟群落的物种组成及多样性是水鸟对各种环境因子长期适应的结果，湿地退化和丧失使水鸟与环境之间的平衡被打破，从而对水鸟群落造成负面影响。例如，越冬水鸟与长江中下游通江湖泊湿地的季节性水文节律相适应，而当水文节律受人为改变后，在此越冬的很多水鸟呈现种群下降的趋势[57, 82]；全球候鸟迁徙路线上湿地的退化、丧失使其不能提供足够的适宜停歇地，迁徙路线的景观连通性显著下降，进而导致了多种迁徙水鸟种群的下降[338, 339]。

水鸟在迁徙及越冬期严重依赖迁徙路线上停歇地与越冬地的食物资源，如果这些重要地点的栖息地遭到破坏，水鸟的迁徙过程将很难完成。近几十年来，东亚－澳大利西亚候鸟迁徙路线上的很多自然湿地退化、丧失，造成很多水鸟物种的种群数量下降[340]。例如，2016 年 1 月在江淮流域 72 个自然湖泊中记录到 69 种 30 万只水鸟，平均个体密度仅为 20 只 /km$^2$，与 2005 年同区域的同步调查相比，其物种数和个体数均显著下降[82]。

由于自然湿地的持续退化和丧失，越来越多的水鸟被迫将人工湿地作为补偿性或替代性的栖息地[172, 185]。水鸟对人工湿地的利用已十分普遍，并在国内外引起了广泛重视[142, 170]。尽管人工湿地对水鸟的重要意义还存在一些争议，但在自然湿地退化、丧失的背景下，人工湿地作为水鸟替代性或补偿性栖息地的重要意义已被广泛接受[171, 341]。在自然湿地退化、丧失的背景下，两淮矿区采煤沉陷形成的湿地吸引了大量水鸟来此栖息，需要格外关注[44, 171]。

中国是产煤大国，煤炭产量约为世界各国总量的 50%[211]。煤炭资源的开发在推动我国经济发展的同时，造成了严重的地质、环境问题，如地表沉陷、环境污染、耕地丧失等[211]。其中，地表变形、下沉导致了地表景观的巨大变化。截至 2011 年年底，全国因采煤而形成的地表沉陷面积达 $1 \times 10^4$ km$^2$，并以每年约 700 km$^2$ 的速度增加[301]。华北平原以农田景观为主，是我国重要的煤炭基地，约 1/3 的区域有煤炭资源分布，煤炭开采量约占全国总量的 18%[301]。华北平原地区的煤炭开采历史悠久，主要来自井工开采，多采用走向长壁全部垮落法开采，造成了大面积的地表沉陷[342]。在华平原的矿区，每开采 $1 \times 10^4$t 原煤，将造成 $0.2{\sim}0.5$ hm² 的地表沉陷[343]。由于两淮矿区地下水水位较高（高潜水位），降雨较为充足，沉陷地表很快积水，原本的农田生态系统逐渐向湿地生态系统演变[342]。据估计，华北平原最终的采煤沉陷区将达 $3 \times 10^4$ km²，其中，约有 2/3 的面积将形成湿地[215]。采煤沉陷导致的地表景观变化将促使陆生生态系统向湿地生态系统演变，地区生物区系将发生重大变化（附图Ⅷ）

　　如果这些特殊的人工湿地能得到较为妥善的管理，则可以为东亚－澳大利西亚候鸟迁徙路线上的长距离迁徙水鸟提供十分重要的补偿性栖息地，供其越冬、繁殖或在迁徙途中停歇。因此，在自然湿地退化、丧失的背景下，仍在持续扩大的两淮采煤沉陷湿地对水鸟具有十分重要的意义，尤其是对东亚－澳大利西亚候鸟迁徙路线上的水鸟而言，意义格外重要。

## 9.2　面临的威胁

　　尽管国内外很多研究发现，人工湿地已成为大量水鸟的重要栖息地，但研究人员指出，水鸟在人工湿地中可能面临诸多威胁[170, 344]。人工湿地多数处在人工景观中，周围被频繁的人类活动包围，而这些人工湿地环境对人为干扰又十分敏感，很容易因人类活动而剧烈变化。尽管有些水鸟（如黑水鸡、白骨顶和小䴙䴘等）对人类干扰的适应能力较强，但大多数水鸟对因人类活动而产生的生境改变不能及时适应，从而不能在人为主导的生境中建立稳定的种群[299, 300]。

　　两淮采煤沉陷湿地因采煤而产生，数量众多，面积广阔，并仍在持续扩大之中[215]。由于位于东亚－澳大利西亚候鸟迁徙路线上，加之自然湿地大量退化、丧失，采煤沉陷湿地吸引了大量的水鸟来此栖息，为其提供了补偿性的栖息地[5, 44]。然而，采煤沉陷湿地被视为人工湿地的一种类型，位于人口密集、采矿频繁的淮北平原，强烈的人为干扰对水鸟的生存产生极大的威胁，很可能使这些新形成的湿地成为吸引水鸟的"生态陷阱"[44]。

　　水鸟在两淮采煤沉陷湿地面临的威胁主要体现在以下几个方面（附图Ⅸ）。

　　（1）湿地面积较小，抗干扰能力弱

　　湿地面积对水鸟的影响体现在多个方面，包括直接的与间接的影响[39, 40]。

湿地面积大小对湿地自身环境的稳定性具有重要影响，从而对湿地生物多样性产生间接影响。较小的湿地更易受到人为干扰的影响，湿地环境从而发生较大的波动，对在此生存的湿地生物产生巨大影响。相反，较大的湿地对人为干扰具有较强的抵抗能力，湿地环境不易发生较大的波动；而且，即使某些区域受人类影响而发生改变，但整体而言，其湿地环境变化并不显著，在此栖息的湿地生物受到的影响较小。

湿地面积也可以对水鸟产生直接影响[41]。第一，较大面积的湿地具有更大的空间和更丰富的资源，从而可以容纳数量更多的水鸟，而在较小的湿地中，水鸟之间的资源竞争更加激烈。第二，较大的湿地往往具有更丰富的生境类型和小环境，如草滩、泥滩、浅水区域、深水区域及不同类型水生植被覆盖区域等，从而为更多种类的水鸟提供生态位。第三，在面积较大的湿地中，水鸟更不易受到来自岸边的干扰。第四，很多水鸟对湿地面积本身具有一定的要求，如雁鸭类在起飞或降落时需要较大的水面，面积较大的湿地可以满足不同水鸟对面积的需求，而面积较小的湿地却不能为需要较大湿地的水鸟种类提供栖息地[42]。

两淮采煤沉陷湿地的面积较小。本研究所调查的湿地中，平均面积为 $113.2 \pm 146.3 \ hm^2$，最大的为 $924.3 \ hm^2$，最小的仅为 $5.31 \ hm^2$[44]。较小的湿地面积使其容纳水鸟的能力受限。本研究发现，两淮采煤沉陷湿地的水鸟个体密度较大，高于多数自然湖泊。较大的个体密度使种间、种内的竞争更加激烈，尤其是在对能量需求较高的迁徙期。由于面积较小，采煤沉陷湿地受人为干扰强烈，环境变化剧烈，不利于水鸟在此形成稳定群落，在此栖息的水鸟也更易受到直接的干扰[5]。此外，采煤沉陷湿地的生境类型较为单一，为多种水鸟提供不同生态位的能力有限。两淮矿区的采煤仍在继续，采煤沉陷湿地的范围仍将进一步扩大，原先彼此隔离的湿地可能相互连通。面积的增大、景观连通性的增强，可能会对在此栖息的水鸟产生积极作用。

（2）人类活动频繁，干扰类型多样

水鸟是对环境变化最为敏感的类群之一。人类活动对水鸟的影响，是人工湿地中水鸟面临的重要干扰。两淮采煤沉陷湿地位于人口密集的平原地区，湿地环境受到频繁的人为干扰，对在此栖息的水鸟产生较大威胁。

首先，两淮采煤沉陷湿地因采煤而产生，地下采煤活动仍在持续进行，由此产生的干扰十分强烈，主要体现在煤炭的开采、堆放、筛选、运输等过程对水鸟产生的影响。两淮矿区是我国 14 个大型煤炭生产基地之一，煤炭资源丰富，已探明煤炭储量近 300 亿 t。尽管长期的高强度开发已使两淮矿区许多矿井的煤炭资源逐渐枯竭，同时，受国家能源结构和政策调整的影响，两淮矿区煤炭开采量逐年下降[198]，但两淮矿区的采煤活动仍然在进行，目前，仅淮南矿区的矿井总数就达 41 个，其中，大中型矿井 18 个，小型矿井 23 个。与煤炭开采相关的一系列人类活动，不可避免地对当地野生动物产生直接或间接的影响，而鸟类是对环境变化十分敏感的类群，受采煤活动的影响更加显著。

其次，两淮矿区位于平原地区，人口密集，除采煤以外，当地经济以农业生产为主[44]。从用地类型图（图 5-1）可以看出，农田是该地区主要的地表覆被类型。两淮采煤沉陷湿地在沉陷之前，多数为农田，湿地形成后，其周边也紧邻农田。因此，采煤沉陷湿地被密集的农业生产活动所包围，从而对水鸟产生直接的干扰。此外，沉入水底的农田残留的化肥、农药等直接进入水体，周边农田的面源污染也通过地表径流汇入沉陷湿地，造成湿地水体的污染，从而对水鸟产生间接的影响。

第三，由于两淮采煤沉陷湿地被视为人工湿地，对其开发利用的程度较强，水产养殖是其中主要的利用方式之一。在两淮矿区，大多数的沉陷湿地中均有水产养殖，养殖的对象主要是鱼类、虾蟹和蚌类，养殖的方式主要有池塘养殖、围网养殖、网箱养殖、综合养殖等。养殖过程中的投饵、维护、捕捞等活动可对水鸟产生直接的干扰，投放的饵料和药品也可能造成水体的污染，进而对水鸟产生间接的影响[44]。

第四，由于采煤沉陷湿地因采煤而产生，故被认定为人工湿地，在此开展的经济活动基本没有受到限制。近些年来，越来越多的采煤沉陷湿地中建有光伏发电设施，很多湿地的水体被覆盖的比例高达 70%。光伏发电设施的建设可能会对湿地生态系统产生重要影响。例如，水面被光伏发电板覆盖，影响了水分的蒸发，可能会改变小气候；抑制水生植物的光合作用，从而降低湿地的初级生产力；占用了大面积的水面，使一些对水面面积要求较大的水鸟失去栖息地；光伏发电设施的维护等对水鸟产生直接的干扰，其水面以下的设施阻碍了潜水性鸟类的活动。此外，光伏发电设施也可能会对水体造成污染[345, 346]。

（3）环境污染严重，湿地功能受损

两淮采煤沉陷湿地处于人工景观之中，由于受到周边频繁的人类活动影响，湿地环境的污染较为严重，生态系统功能受到较大程度的损害，主要体现在重金属污染、水体富营养化和景观的改造等方面。

由于开矿的原因，特别是煤炭开采产生的大量煤矸石堆放或充填复垦，导致采煤沉陷区的土壤存在不同程度的重金属污染[347]。煤矸石含有硫化物，长期暴露在空气中，可能会发生自燃现象，向大气中释放 $CO$、$SO_2$、$H_2S$ 等有毒有害气体；煤矸石风化后，也可能释放各种重金属元素，如 $Cu$、$Zn$、$Cd$、$Mn$ 和 $Hg$ 等[348]。这些污染物会随着大气沉降和地表径流汇入沉陷湿地的水体，进入湿地生物体内，并可能通过食物链进行迁移，从而在水鸟体内积累。有研究表明，两淮采煤沉陷湿地水体中重金属离子浓度较高，重金属的健康风险值随季节变化，夏季丰水期小于冬季枯水期；污染源除煤矸石以外，还可能与周边农田的农药化肥使用、工业废水排放、汽车尾气的大气沉降、渔业养殖等有关[349]。

两淮采煤沉陷湿地主要由农业用地沉陷而形成，受当地社会经济发展的影响，尤其是农业生产和城镇发展的影响，水质条件一般，不同的沉陷水体存在不同程度的富营养化[350]。沉陷水体富营养化的主要污染来源为农业面源污染、工业废水、煤矿源污染和农村污水等。其中，农业面源污染主要包括施用化肥、农药及引用污水灌溉所带来的面源污染；煤矿源污染主要包括部分未经处理就排入河流和塌陷水域的矿井水、洗选废水、煤矸石淋溶水等；生活污水主要包括矿区周围排放的生活污水[351]。总体而言，两淮矿区沉陷水体的氮磷比较高，并具有明显的季节变化，淮南矿区沉陷水体的营养水平高于淮北矿区。

由于两淮采煤沉陷湿地被视为人工湿地，周边人类活动频繁，对沉陷湿地的开发、利用十分普遍。为了满足经济发展的需求，如渔业养殖、观光旅游、光伏发电等，采煤沉陷湿地的景观已经受强烈的人为改造，很多湿地已失去原本发挥的生态系统功能，湿地生物多样性也因此降低，并进而丧失湿地的生态价值。

（4）湿地定位模糊，缺乏管理保护

湿地被誉为"地球之肾"，与森林、海洋并称为全球三大生态系统，具有涵养水源、净化水质、调蓄洪水、调节气候和维护生物多样性等重要生态服务功能[164-166]。但我国对湿地的科学认识和管理保护起步较晚，过去往往将湿地归为林地、草地甚至未利用地等地类中，对湿地的定义也是近些年来才逐渐明确。

随着生态文明建设的深化，我国大力推进湿地保护修复，先后出台《国务院办公厅关于加强湿地保护管理的通知》《湿地保护管理规定》《湿地保护修复制度方案》和《中华人民共和国湿地保护法》等，28 个省份出台省级湿地保护法规或规章。截至 2021 年年底，我国共建有 64 处国际重要湿地、29 处国家重要湿地、899 处国家湿地公园，初步建立湿地保护体系。截至目前，我国的湿地保护率达 44.7%，湿地的管理与保护以自然保护区为主，主要保护对象为自然湿地[181]。

按照《拉姆萨尔公约》中的湿地分类及我国实际情况，人工湿地是我国湿地的五大类型之一[352]，但其保护率相对较低，仅为 33.3%。尽管 2021 年颁布实施的《中华人民共和国湿地保护法》明确规定，人工湿地也在其保护范围之内，但同时也指出，本法所指的湿地不包含"水田以及用于养殖的人工的水域和滩涂"。目前，我国很多自然湿地尚存在渔业养殖，人工湿地被用于渔业养殖的情况更为普遍[169]。这些存在渔业养殖的人工湿地，尽管可能会发挥重要的生态价值，但其定位仍较为模糊。

采煤沉陷湿地因采煤而产生，被普遍定义为是人工湿地，但在《湿地资源调查技术规程》的湿地区名录中，因采煤塌陷而形成的积水区却被划入湖泊湿地。尽管这些特殊类型的湿地具有十分丰富的湿地生物物种，发挥了重要的生态系统功能，但多被用于渔业养殖、光伏发电、旅游观光等，其生态价值被严重忽视。由于其定位比较模糊，两淮采煤沉陷湿地基本没有得到有效的管理和保护，开发、利用的随意性较大，湿地景观和环境变化剧烈，湿地功能受损，对在此栖息的水鸟及其他湿地生物不可避免地产生巨大威胁。

## 9.3　保护建议

两淮矿区地处华北平原南端，位于东亚 - 澳大利西亚候鸟迁徙路线上，每年沿此路线迁徙的水鸟达几百万只。研究表明，在自然湿地退化、丧失的背景下，两淮采煤沉陷湿地吸引了大量水鸟来此越冬、繁殖、停歇，为其提供了补偿性的栖息地。随着地下采煤活动的继续进行，沉陷湿地的面积仍在进一步扩大，如果管理得当，可以为更多的水鸟提供必要的栖息地。相反，如果管理不当，这些人工湿地虽然能吸引很多水鸟至此，但却可能成为危害水鸟的"生态陷阱"。

本研究为两淮采煤沉陷湿地的水鸟及其栖息地的管理和保护提供以下建议。

（1）明确湿地定位，重视湿地生态价值

尽管采煤沉陷湿地因人类的采煤活动而产生，被划分为人工湿地，但这些湿地孕育了丰富的生物多样性，特别是为东亚－澳大利西亚迁徙路线上的水鸟提供了重要的、补偿性的栖息地，发挥了重要的生态系统功能，并随着其面积的持续扩大，将会为更多的湿地生物提供重要的栖息地。因此，应充分重视采煤沉陷湿地的生态价值，明确其在地区生态平衡和生物多样性保护中的地位，将其纳入相关法律、法规的管理和保护范围，制定切实可行的管理和保护计划，打击损害湿地功能的违法行为，协调好湿地利用和保护的矛盾，使其更好地发挥生态系统功能。

（2）实施湿地修复，增强生态系统功能

采煤沉陷湿地的修复包括污染治理、水系沟通、水生植被修复、景观改造等。污染治理主要针对两淮采煤沉陷湿地面临的重金属污染和水体富营养化等，应全面摸排污染源，掌握污染物迁移、转化规律，严控污染途径，加强水体污染治理，改善水质。采煤沉陷湿地彼此相对封闭，水体流动性较差，不利于水质净化，容易造成污染物沉积和水体富营养化。因此，应积极沟通沉陷湿地及自然河流、湖泊湿地，使沉陷湿地死水变活，有利于改善水质，增强湿地景观连通性，利于湿地生物的基因交流。随着地表沉陷积水，植被逐渐由陆生向水生逆行演替，在不受过度人为干扰的情况下，采煤沉陷水体能自然形成丰富的水生植被。但受到人为干扰的强烈影响，两淮采煤沉陷湿地的水生植被被严重破坏。因此，需要对水生植被进行修复，从而为水鸟提供觅食、休憩、繁殖等的场所。与此同时，对沉陷湿地及其周边的景观进行适度地改造，清除水体中残存的房屋，提高环境的多样性，增强湿地抵抗人为干扰的能力。

（3）优化经济模式，降低人为干扰影响

加强采煤沉陷湿地及其周边经济活动的管理和优化，严格控制随意占用采煤沉陷湿地，防范湿地的不合理利用。湿地的利用必须以湿地生态承载力为前提，综合考虑湿地生态系统的结构和功能，正确处理好保护与利用间的关系。对于渔业养殖，采取积极有效的途径，规范养殖方式和规模，合理配置养殖种类和放养密度，严控肥水养殖和电捕清野，走生态养殖之路；对于水面光伏发电，严格控制光伏发电设施的建设，减少湿地水面被光伏电板占用的比例，规范光伏发电设施的维护，减少由此带来的人为干扰和负面环境效应；对于周边的采矿活动，规范采煤及运输过程，加强煤矸石的堆放管理，禁止向湿地充填，积极探索减少煤矸石淋溶对湿地水体污染的有效途径；对于周边的农业生产，减少农药、化肥的施用量，严控农业面源污染。

（4）开展系统监测，掌握湿地发展规律

尽管已采取很多措施对两淮采煤沉陷湿地进行了综合治理，但对其丰富的湿地生物却鲜有关注。采煤沉陷湿地所在位置原本多是农田，随着地表的沉陷、积水，农田被淹没，原本的陆生生物群落逐渐向水生生物群落演替。这与正常的水生向陆生演替方向不同，即逆行演替。在此逆行演替过程中，各类群生物群落如何构建并维持物种多样性？其群落结构如何发生变化？如何响应环境条件的改变？回答这些问题，需要对湿地环境和各生物类群加强长期、系统的监测与研究，从而揭示湿地环境的变化规律及各类群生物的生态响应机制，这不仅可以为采煤沉陷湿地生物多样性保护提供科学依据，也可以为生物群落构建机制的理论研究提供新的思路和模型。

（5）加强宣传教育，提升湿地保护意识

湿地被誉为"地球之肾"，发挥着重要的生态系统功能。但一直以来，人们对湿地的认识不够科学，对湿地的过度开发、利用导致了一系列的生态环境与生物多样性问题。随着生态文明建设逐渐深入人心，人们逐渐认识到湿地对人类可持续发展的重要意义，采取了一系列措施以保护自然湿地。然而，对人工湿地的认识仍停留在比较朴素的阶段，普遍认为人工湿地仅能服务于人类的经济活动，而不具有重要的生态价值。随着越来越多的水鸟等生物类群开始利用人工湿地，其生态价值越发凸显出来。因此，应加强宣传教育，改变人们对人工湿地的传统认识，使其理解人工湿地发挥的重要生态价值，从而提升公众和当地社区的湿地和生物多样性保护意识。

# 参考文献

1. 牛翠娟，娄安如，孙儒泳，李庆芬. 基础生态学［M］. 北京：高等教育出版社，2015.

2. 崔鹏，邓文洪. 鸟类群落研究进展［J］. 动物学杂志，2007，42（4）：149-158.

3. CORREA A D S，MANCERA-RODRIGUEZ N J. Birds as ecological indicators of successional stages in a secondary forest，Antioquia，Colombia［J］. Rev. Biol. Trop.，2020，68：23-39.

4. WIENS J A. The ecology of bird communities［M］. Cambridge：Cambridge University Press，1992.

5. LI C et al. Assembly processes of waterbird communities across subsidence wetlands in China：A functional and phylogenetic approach［J］. Diversity and Distributions，2019；25：1118-1129.

6. COOPER W J，MCSHEA W J，FORRESTER T，LUTHER D A. The value of local habitat heterogeneity and productivity when estimating avian species richness and species of concern［J］. Ecosphere，2020，11：e03107

7. ALLEN D C et al. Long-term effects of land-use change on bird communities depend on spatial scale and land-use type［J］. Ecosphere，2019；10：e02952

8. IKIN K et al. Multi-Scale Associations between Vegetation Cover and Woodland Bird Communities across a Large Agricultural Region［J］. Plos One，2014，9：e97029

9. PIGOT A L，JETZ W，SHEARD C，TOBIAS J A. The macroecological dynamics of species coexistence in birds［J］. Nature Ecology & Evolution，2018，2：1112-1119.

10. WEIHER E et al. Advances, challenges and a developing synthesis of ecological community assembly theory [J]. Philosophical Transactions of the Royal Society B–Biological Sciences, 2011, 366: 2403–2413.

11. HUBBELL S P. The Unified Neutral Theory of Biodiversity and Biogeography [M]. Princeton: Princeton University Press, 2001.

12. CODY M L, MACARTHUR R H, DIAMOND J M. Ecology and evolution of communities [M]. Cambridge: Harvard University Press, 1975.

13. THOMSON R L, FORSMAN J T, MONKKONEN M. Positive interactions between migrant and resident birds: testing the heterospecific attraction hypothesis [J]. Oecologia, 2003, 134: 431–438.

14. KORNAN M, KROPIL R. What are ecological guilds? Dilemma of guild concepts [J]. Russian Journal of Ecology, 2014, 45: 445–447.

15. 周放. 鼎湖山森林鸟类群落的集团结构 [J]. 生态学报, 1987, (2): 176–184.

16. FISCHER R A, VALENTE J J, GUILFOYLE M P, KALLER M D, JACKSON S S. Bird Community Response to Vegetation Cover and Composition in Riparian Habitats Dominated by Russian Olive (Elaeagnus angustifolia) [J]. Northwest Science, 2012, 86: 39–52.

17. ROCHA R, VIRTANEN T, CABEZA M. Bird assemblages in a Malagasy forest–agricultural frontier: effects of habitat structure and forest cover [J]. Tropical Conservation Science, 2015, 8: 681–710.

18. KNIGHT E C, MAHONY N A, GREEN D J. Effects of agricultural fragmentation on the bird community in sagebrush shrubsteppe [J]. Agriculture Ecosystems & Environment, 2016, 223: 278–288.

19. 王海涛. 鸟类群落结构形成的因素分析 [D]. 长春: 东北师范大学, 2003.

20. COLWELL. Shore bird community patterns in a seasonally dynamic estuary [J]. The Condor, 1993, 95: 104–114.

21. ISACCH J P, BO M S, MACEIRA N O, Demaría MR, Peluc S. Composition and seasonal changes of the bird community in the west pampa grasslands of Argentina

〔J〕. Journal of Field Ornithology, 2003, 74: 59-65.

22. MALIZIA L R. Seasonal fluctuations of birds, fruits, and flowers in a subtropical forest of Argentina〔J〕. The Condor, 2001, 103: 45-61.

23. OWENS F L, STOUFFER P C, CHAMBERLAIN M J, MILLER D A. Early-Successional Breeding Bird Communities in Intensively Managed Pine Plantations: Influence of Vegetation Succession but Not Site Preparations〔J〕. Southeastern Naturalist, 2014, 13: 423-443.

24. DING T-S, LIAO H-C, YUAN H-W. Breeding bird community composition in different successional vegetation in the montane coniferous forests zone of Taiwan〔J〕. Forest Ecology and Management, 2008, 255: 2038-2048.

25. HYRENBACH K D, VEIT R R. Ocean warming and seabird communities of the southern California Current System (1987-1998): response at multiple temporal scales〔J〕. Deep Sea Research, 2003, 50: 2537-2565.

26. ZHANG W, SHI J, HUANG H, LIU T. The impact of disturbance from photographers on the Blue-crowned Laughingthrush (*Garrulax courtoisi*)〔J〕. Avian Conservation and Ecology, 2017, 12: 15-22.

27. 刘吉平, 张顺, 陈智文. 人类活动对三江平原东北部湿地鸟类的干扰〔J〕. 东北林业大学学报, 2008, 36 (12): 40-42.

28. Marion S, Davies A, Demsar V, et al, A systematic review of methods for studying the impacts of outdoor recreation on terrestrial wildlife〔J〕. Global Ecology and Conservation, 2020, 22: e00917.

29. 宋景舒, 胡洁, 江波, 等. 天祝夏玛林场不同生境夏季鸟类多样性〔J〕. 生态与农村环境学报, 2020, 36 (5): 606-611.

30. TEJEDA-CRUZ C, SUTHERLAND W J. Cloud forest bird responses to unusually severe storm damage〔J〕. Biotropica, 2005, 37: 88-95.

31. PEH K S H, DE JONG J, SODHI N S, et al. Lowland rainforest avifauna and human disturbance: persistence of primar forest birds in selectively logged forests and mixed-rural habitats of southern Peninsular Malaysia〔J〕. Biological Conservation, 2005, 123: 489-505.

32. 郑光美. 我国鸟类生态学的回顾与展望［J］. 动物学杂志，1981，（01）63-68.

33. 丁平. 中国鸟类生态学的发展与现状［J］. 动物学杂志，2002，37（3）：71-78.

34. SI X，BASELGA A，LEPRIEUR F，et al. Selective extinction drives taxonomic and functional alpha and beta diversities in island bird assemblages［J］. Journal of Animal Ecology，2016，85：409-418.

35. ZENG C et al. A landscape-level analysis of bird taxonomic，functional and phylogenetic β-diversity in habitat island systems［J］. Journal of Biogeography. 2022，49（6）：1162-1175.

36. GREEN A J，ELMBERG J. Ecosystem services provided by waterbirds［J］. Biological reviews，2014，89：105-122.

37. GARDNER R C，DAVIDSON N C. The Ramsar convention［M］. In：LePage BA，editors. Wetlands：Integrating multidisciplinary concepts. Dordrecht：Springer，2011：189-203.

38. ANDERSON M J et al. Navigating the multiple meanings of β diversity：a roadmap for the practicing ecologist［J］. Ecology letters，2010，14：19-28.

39. TAVARES D C，GUADAGNIN D L，DE MOURA J F，et al. Environmental and anthropogenic factors structuring waterbird habitats of tropical coastal lagoons：implications for management［J］. Biological Conservation，2015，186：12-21.

40. FRANK S J D，GOPI G V，LAKSHMINARAYANAN N，et al. Factors Influencing Occurrence and Species Richness of Heronries in the Wetlands of Tamil Nadu，India［J］. Wetlands，2022，42：1-10.

41. PARACUELLOS M. How can habitat selection affect the use of a wetland complex by waterbirds［J］Biodiversity & Conservation，2006，15：4569-4582.

42. LI C，ZHAO B，WANG Y. Nestedness of waterbird assemblages in the subsidence wetlands recently created by underground coal mining［J］. Current Zoology，2019，65：155-163.

43. SEBASTIÁN-GONZÁLEZ E，GREEN A J. Habitat use by waterbirds in relation

to pond size, water depth, and isolation: lessons from a restoration in southern Spain [J]. Restoration Ecology, 2014, 22: 311–318.

44. LI C, YANG S, ZHA D, et al. Waterbird communities in subsidence wetlands created by underground coal mining in China: effects of multi–scale environmental and anthropogenic variables [J]. Environmental Conservation, 2019, 46: 67–75.

45. DRONOVA I, BEISSINGER S R, BURNHAM J W, et al. Landscape–level associations of wintering waterbird diversity and abundance from remotely sensed wetland characteristics of Poyang Lake [J]. Remote Sensing, 2016, 8: 462.

46. COLWELL M, TAFT O. Waterbird communities in managed wetlands of varying water depth [J]. Waterbirds, 2000, 23 (1) 45–55.

47. ZOU Y A, et al. Crucial sites and environmental variables for wintering migratory waterbird population distributions in the natural wetlands in East Dongting Lake, China [J]. Science of the Total Environment, 2019, 655: 147–157.

48. DARNELL T M, SMITH E H. Avian use of natural and created salt marsh in Texas, USA [J]. Waterbirds, 2004, 27: 355–361.

49. MEI X, DAI Z, DU J, et al. Linkage between Three Gorges Dam impacts and the dramatic recessions in China's largest freshwater lake, Poyang Lake[J]. Scientific Reports, 2015, 5: 18197.

50. ROBERTSON D, MASSENBAUER T. Applying hydrological thresholds to wetland management for waterbirds, using bathymetric surveys and GIS [C]. In: Zerger A, Argent RM, editors. MODSIM 2005 International Congress on Modelling and Simulation. Australia: Modelling and Simulation Society of Australia and New Zealand, 2005: 2407–2413.

51. NTIAMOA–BAIDU Y, et al. Water depth selection, daily feeding routines and diets of waterbirds in coastal lagoons in Ghana [J]. Ibis, 1998, 140: 89–103.

52. CHATTERJEE A, ADHIKARI S, PAL S et al. Foraging guild structure and niche characteristics of waterbirds wintering in selected sub–Himalayan wetlands of India [J]. Ecological Indicators, 2020, 108: 105693.

53. YAO S, et al. Impact of short−term hydrological components on landscape pattern of waterbird habitat in floodplain wetlands [ J ]. Water Resources Research, 2022, e2021WR031822.

54. BASCHUK M S, KOPER N, WRUBLESKI D A, et al. Effects of water depth, cover and food resources on habitat use of marsh birds and waterfowl in boreal wetlands of Manitoba, Canada [ J ]. Waterbirds, 2012, 35: 44−55.

55. HOLM T E, CLAUSEN P. Effects of water level management on autumn staging waterbird and macrophyte diversity in three Danish coastal lagoons [ J ]. Biodiversity and Conservation, 2006, 15: 4399−4423.

56. LI C et al. The relationship between seasonal water level fluctuation and habitat availability for wintering waterbirds at Shengjin Lake, China [ J ]. Bird Conservation International, 2019, 29: 100−114.

57. Li H, Zhang Y. Predicting hydrological impacts of the Yangtze−to−Huaihe Water Diversion Project on habitat availability for wintering waterbirds at Caizi Lake [ J ]. Journal of environmental management, 2019, 249: 109251.

58. AMININASAB S M, HOSSEINI−MOOSAVI SM, XU CC. Influence of breeding time, nest size, and egg size on the breeding success of the Common Moorhen Gallinula chloropus [ J ]. Acta Oecologica, 2021, 113: 103779.

59. HABIB M, DAVIDAR P. Nesting success of Mallard Anas platyrhynchos at Kashmir lakes, India, is associated with nest location [ J ]. Ornithological Science, 2017, 16: 65−69.

60. RODRIGO M A et al. Assessing the effect of emergent vegetation in a surface−flow constructed wetland on eutrophication reversion and biodiversity enhancement [ J ]. Ecological Engineering, 2018, 113: 74−87.

61. LARSON D M, CORDTS S D, HANSEL−WELCH N. Shallow lake management enhanced habitat and attracted waterbirds during fall migration [ J ]. Hydrobiologia, 2020, 847: 3365−3379.

62. VANAUSDALL R A, DINSMORE S J. Impacts of shallow lake restoration on vegetation and breeding birds in Iowa [ J ]. Wetlands, 2019, 39: 865−877.

63. WANG W，FRASER J D，CHEN J. Wintering waterbirds in the middle and lower Yangtze River floodplain：changes in abundance and distribution［J］. Bird Conservation International，2017，27：167-186.

64. LI C，ZHOU L，XU L，et al. Vigilance and activity time-budget adjustments of wintering hooded cranes，Grus monacha，in human-dominated foraging habitats ［J］. PLoS One，2015，10：e0118928.

65. DIMALEXIS A，PYROVETSI M. Effect of water level fluctuations on wading bird foraging habitat use at an irrigation reservoir，Lake Kerkini，Greece［J］. Colonial waterbirds，1997，244-252.

66. del Hoyo J，ELLIOTT A，CHRISTIE D A. Handbook of the Birds of the World ［M］. Vol. 9-16. Barcelona：Lynx Edicions，2004-2011.

67. del Hoyo J，ELLIOTT A，SARGATAL J. Handbook of the Birds of the World［M］，Vol. 1-7. Barcelona：Lynx Edicions，1992-2002.

68. ZHANG S et al. Wetland restoration in the East Dongting Lake effectively increased waterbird diversity by improving habitat quality［J］. Global Ecology and Conservation，2021，27：e01535.

69. SARKAR B，et al. In *PROCEEDINGS OF THE ZOOLOGICAL SOCIETY*［M］. Vol. 67. Springer，2014：94-107.

70. HARTKE K M，KRIEGEL K H，NELSON G M，et al. Abundance of wigeongrass during winter and use by herbivorous waterbirds in a Texas coastal marsh［J］. Wetlands，2009，29：288-293.

71. FOX A，et al. Declines in the tuber-feeding waterbird guild at Shengjin Lake National Nature Reserve，China-a barometer of submerged macrophyte collapse［J］. Aquatic Conservation：Marine and Freshwater Ecosystems，2011，21：82-91.

72. HUANG G，ISOBE M. Carrying capacity of wetlands for massive migratory waterfowl［J］. Hydrobiologia，2012，697：5-14.

73. 王摇玄，江红星，张亚楠. 稳定同位素分析在鸟类食性及营养级结构中的应用［J］. 生态学报，2015，35（16）：14.

74. RYAN P G，JACKSON S. Stomach pumping：is killing seabirds necessary［J］.

The auk, 1986: 103（2）: 427–428.

75. LAVOIE R A, RAIL J–F, LEAN D R. Diet composition of seabirds from Corossol Island, Canada, using direct dietary and stable isotope analyses［J］. Waterbirds, 2012, 35: 402–419.

76. WILLIAMS C K et al. Estimating habitat carrying capacity for migrating and wintering waterfowl: considerations, pitfalls and improvements［J］. Wildfowl, 2014, 407–435.

77. TENG J, YU X, XIA S, et al Y. Suitable Habitat Dynamics of Wintering Geese in a Large Floodplain Wetland: Insights from Flood Duration. Remote Sensing, 2022, 14: 952.

78. TINER R W, LANG M W, KLEMAS V V. Remote sensing of wetlands: applications and advances［M］. CRC Rress. London. 2015;

79. BLANC R, GUILLEMAIN M, MOURONVAL J–B, et al. Effects of non–consumptive leisure disturbance to wildlife［J］. Revue d'Ecologie, Terre et Vie, 2006, 61: 117–133.

80. GILL J A. Approaches to measuring the effects of human disturbance on birds［J］. Ibis, 2007, 149: 9–14.

81. MCGOWAN C P, SIMONS T R. Effects of human recreation on the incubation behavior of American Oystercatchers［J］. The Wilson Journal of Ornithology, 2006, 118: 485–493.

82. JIA Q, WANG X, ZHANG Y, et al. Drivers of waterbird communities and their declines on Yangtze River floodplain lakes［J］. Biological Conservation, 2018, 218: 240–246.

83. BAUDAINS T, LLOYD P. Habituation and habitat changes can moderate the impacts of human disturbance on shorebird breeding performance［J］. Animal Conservation, 2007, 10: 400–407.

84. TAYLOR P D, FAHRIG L, HENEIN K, et al. Connectivity is a vital element of landscape structure［J］. Oikos, 1993, 571–573.

85. WITH K A, KING A W. The use and misuse of neutral landscape models in ecology

［J］. Oikos，1997，219-229.

86.　PLISSNER J H，HAIG S M，ORING L W. Postbreeding movements of American Avocets and implications for wetland connectivity in the western Great Basin ［J］. The Auk，2000，117：290-298.

87.　TISCHENDORF L，FAHRIG L. How should we measure landscape connectivity ［J］. Landscape Ecology，2000，15：633-641.

88.　GAO B，GONG P，ZHANG W，et al. Multiscale effects of habitat and surrounding matrices on waterbird diversity in the Yangtze River Floodplain ［J］. Landscape Ecology，2021，36：179-190.

89.　TAKEKAWA J Y，et al. Trophic structure and avian communities across a salinity gradient in evaporation ponds of the San Francisco Bay estuary ［J］. Hydrobiologia，2006，567：307-327.

90.　SOININEN J，HEINO J，WANG J. A meta-analysis of nestedness and turnover components of beta diversity across organisms and ecosystems ［J］. Global Ecology and Biogeography，2018，27：96-109.

91.　PATTERSON B D，ATMAR W. Nested subsets and the structure of insular mammalian faunas and archipelagos ［J］. Biological Journal of the Linnean Society，1986，28：65-82.

92.　WRIGHT D H，PATTERSON，B D，MIKKELSON，et al. A comparative analysis of nested subset patterns of species composition［J］. Oecologia，1997，113：1-20.

93.　SCHOUTEN M，VERWEIJ P，BARENDREGT A，et al. Nested assemblages of Orthoptera species in the Netherlands：the importance of habitat features and life-history traits ［J］. Journal of Biogeography，2007，34：1938-1946.

94.　WANG Y，BAO Y，YU M，et al. Nestedness for different reasons：the distributions of birds，lizards and small mammals on islands of an inundated lake［J］. Diversity and distributions，2010，16：862-873.

95.　SOININEN J，KÖNGÄS P. Analysis of nestedness in freshwater assemblages—patterns across species and trophic levels ［J］. Freshwater Science，2012，31：1145-1155.

96. SOCOLAR J B, GILROY J J, KUNIN W E, et al. How Should Beta-Diversity Inform Biodiversity Conservation [J]. Trends in Ecology & Evolution, 2016, 31: 67–80.

97. CUTLER A. Nested biotas and biological conservation: metrics, mechanisms, and meaning of nestedness [J]. Landscape Urban Plan, 1994, 28: 73–82.

98. PATTERSON B D. The principle of nested subsets and its implications for biological conservation [J]. Conservation Biology, 1987, 1: 323–334.

99. HONNAY O, HERMY M, COPPIN P. Nested plant communities in deciduous forest fragments: species relaxation or nested habitats [J]. Oikos, 1999, 84: 119–129.

100. HIGGINS L C, Willig R M, Strauss E R. The role of stochastic processes in producing nested patterns of species distributions [J]. Oikos, 2006, 114: 159–167.

101. WANG Y, WANG X, DING P. Nestedness of snake assemblages on islands of an inundated lake [J]. Current Zoology, 2012, 58: 828–836.

102. FRICK W F, HAYES J P, HEADY III PA. Nestedness of desert bat assemblages: species composition patterns in insular and terrestrial landscapes [J]. Oecologia, 2009, 158: 687–697.

103. ULRICH W, ALMEIDA-NETO M, GOTELLI N J. A consumer's guide to nestedness analysis [J]. Oikos, 2009, 118: 3–17.

104. PARACUELLOS M, TELLERÍA J L. Factors affecting the distribution of a waterbird community: the role of habitat configuration and bird abundance [J]. Waterbirds, 2004, 27: 446–453.

105. MARTÍNEZ-MORALES M A. Nested species assemblages as a tool to detect sensitivity to forest fragmentation: the case of cloud forest birds [J]. Oikos, 2005, 108: 634–642.

106. DE MEESTER L. et al. Ponds and pools as model systems in conservation biology, ecology and evolutionary biology [J]. Aquatic conservation: Marine and freshwater ecosystems, 2005, 15: 715–725.

107. SOININEN J, KOKOCINSKI M, ESTLANDER S, et al. Neutrality, niches, and determinants of plankton metacommunity structure across boreal wetland ponds [J]. Ecoscience, 2007, 14: 146–154.

108. HILL MJ, HEINO J, THORNHILL I, et al. Effects of dispersal mode on the environmental and spatial correlates of nestedness and species turnover in pond communities [J]. Oikos, 2017, 126: 1575–1585.

109. SEBASTIÁN-GONZÁLEZ E, BOTELLA F, PARACUELLOS M, et al. Processes driving temporal dynamics in the nested pattern of waterbird communities [J]. Acta Oecologica, 2010, 36: 160–165.

110. NAVEDO J G et al. International importance of Extremadura, Spain, for overwintering migratory dabbling ducks: a role for reservoirs [J]. Bird Conservation International, 2012, 22: 316–327.

111. RAJPAR M N, ZAKARIA M. Assessing an artificial wetland in Putrajaya, Malaysia, as an alternate habitat for waterbirds [J]. Waterbirds, 2013, 36: 482–493.

112. CORNWELL W K, ACKERLY D D. Community assembly and shifts in plant trait distributions across an environmental gradient in coastal California [J]. Ecological Monographs, 2009, 79: 109–126.

113. CORNWELL W K, SCHWILK D W, ACKERLY D D. A trait-based test for habitat filtering: Convex hull volume [J]. Ecology, 2006, 87: 1465–1471.

114. CHESSON P. Mechanisms of maintenance of species diversity [J]. Annual Review of Ecology and Systematics, 2000, 31: 343–366.

115. MACARTHUR R, LEVINS R. The limiting similarity, convergence, and divergence of coexisting species [J]. The American Naturalist, 1967, 101: 377–385.

116. DIAMOND J M. Assembly of species communities [J]. Ecology and Evolution of Communities. 1975.9（3）: 342–444.

117. KEDDY P A. Assembly and response rules: two goals for predictive community ecology [J]. Journal of vegetation science, 1992, 3: 157–164.

118. DIAZ S, CABIDO M, CASANOVES F. Plant functional traits and environmental

filters at a regional scale [J]. Journal of vegetation science, 1998, 9: 113–122.

119. WEIHER E, KEDDY P. Ecological assembly rules: perspectives, advances, retreats [M]. Cambridge: Cambridge University Press, 2001.

120. 牛克昌, 刘怿宁, 沈泽昊, 等. 群落构建的中性理论和生态位理论 [J]. 生物多样性, 2009（6）: 579–593.

121. KRAFT N J et al. Community assembly, coexistence and the environmental filtering metaphor [J]. Functional Ecology, 2015, 29: 592–599.

122. MOUCHET M A, VILLEGER S, MASON N W H, Mouillot D. Functional diversity measures: an overview of their redundancy and their ability to discriminate community assembly rules [J]. Functional Ecology, 2010, 24: 867–876.

123. WEBB C O, ACKERLY D D, MCPEEK M A, et al. Phylogenies and community ecology [J]. Annual Review of Ecology and Systematics, 2006, 87: S1–S1.

124. HUBBELL S P. The Unified Neutral Theory of Biodiversity and Biogeography （MPB–32）. [M]. Princeton: Princeton University Press, 2011.

125. HU X, HE F, HUBBELL S. Neutral theory in population genetics and macroecology [J]. Oikos, 2006, 113: 548–556.

126. MCGILL B J, MAURER B A, WEISER M D. Empirical evaluation of neutral theory [J]. Ecology, 2006, 87: 1411–1423.

127. TUCKER C M et al. A guide to phylogenetic metrics for conservation, community ecology and macroecology [J]. Biological Reviews, 2017, 92: 698–715.

128. GÓMEZ J P, BRAVO G A, BRUMFIELD R T, et al. A phylogenetic approach to disentangling the role of competition and habitat filtering in community assembly of Neotropical forest birds [J]. Journal of Animal Ecology, 2010, 79: 1181–1192.

129. SODHI N S, EHRLICH P R. Conservation biology for all [M]. New York, USA: Oxford University Press, 2010.

130. TSCHARNTKE T. et al. Landscape moderation of biodiversity patterns and processes–eight hypotheses [J]. Biological Reviews, 2012, 87: 661–685.

131. BARBARO L, GIFFARD B, CHARBONNIER Y, et al. Bird functional diversity enhances insectivory at forest edges: a transcontinental experiment [J]. Diversity and Distributions, 2014, 20: 149–159.

132. SRIVASTAVA D S, CADOTTE M W, MACDONALD A A M, et al. Phylogenetic diversity and the functioning of ecosystems [J]. Ecology Letters, 2012, 15: 637–648.

133. SANDEL B. Richness-dependence of phylogenetic diversity indices [J]. Ecography, 2018, 41: 837–844.

134. PAVOINE S, BONSALL M B. Measuring biodiversity to explain community assembly: a unified approach [J]. Biological Reviews, 2011, 86: 792–812.

135. ZAK J C, WILLIG M R, MOORHEAD D L et al. Functional diversity of microbial communities: a quantitative approach [J]. Soil Biology and Biochemistry, 1994, 26: 1101–1108.

136. STEVENS R D, COX S B, STRAUSS R E, et al. Patterns of functional diversity across an extensive environmental gradient: vertebrate consumers, hidden treatments and latitudinal trends [J]. Ecology Letters, 2003, 6: 1099–1108.

137. MENDEZ V, et al. Functional diversity across space and time: trends in wader communities on British estuaries [J]. Diversity and Distributions, 2012, 18: 356–365.

138. SEKERCIOGLU C H. Increasing awareness of avian ecological function [J]. Trends in Ecology & Evolution, 2006, 21: 464–471.

139. BUTCHART S H et al. Global biodiversity: indicators of recent declines [J]. Science, 2010, 328: 1164–1168.

140. KAR D. Wetlands and lakes of the world [M]. India: Springer, 2013.

141. PETCHEY O L, EVANS K L, FISHBURN I S, et al. Low functional diversity and no redundancy in British avian assemblages [J]. Journal of Animal Ecology, 2007, 76: 977–985.

142. ELPHICK CS. A history of ecological studies of birds in rice fields [J]. Journal of Ornithology, 2015, 156: 239–245.

143. AMANO T，et al. Successful conservation of global waterbird populations depends on effective governance［J］. Nature，2018，553：199-202.

144. 孙工棋，张明祥，雷光春. 黄河流域湿地水鸟多样性保护对策［J］. 生物多样性，2020，28（12）：1469-1482.

145. CADOTTE M W，Tucker CM. Difficult decisions：Strategies for conservation prioritization when taxonomic，phylogenetic and functional diversity are not spatially congruent［J］. Biological Conservation，2018，225：128-133.

146. CHE X，et al. Long-term trends in the phylogenetic and functional diversity of Anatidae in South China coastal wetlands［J］. Ecological Applications，2021，e2344.

147. ALAHUHTA J. et al. Global variation in the beta diversity of lake macrophytes is driven by environmental heterogeneity rather than latitude［J］. Journal of Biogeography，2017，44：1758-1769.

148. RICOTTA C，SZEIDL L. Diversity partitioning of Rao's quadratic entropy［J］. Theoretical Population Biology，2009，76：299-302.

149. JOST L. Partitioning diversity into independent alpha and beta components［J］. Ecology，2007，88：2427-2439.

150. WHITTAKER R H. Vegetation of the Siskiyou mountains，Oregon and California ［J］. Ecological Monographs，1960，30：279-338.

151. WHITTAKER R H. Evolution and measurement of species diversity［J］. Taxon，1972，21（2）：213-251.

152. SOININEN J，HEINO J，WANG J. A meta-analysis of nestedness and turnover components of beta diversity across organisms and ecosystems［J］. Global Ecology and Biogeography，2017，27：96-109.

153. BASELGA A. Partitioning the turnover and nestedness components of beta diversity ［J］. Global Ecology Biogeography，2009，19：134-143.

154. DEVICTOR V，et al. Spatial mismatch and congruence between taxonomic，phylogenetic and functional diversity：the need for integrative conservation strategies in a changing world［J］. Ecology Letters，2010，13：1030-1040.

155. GIANUCA A T, Declerck SAJ, Lemmens P, De Meester L. Effects of dispersal and environmental heterogeneity on the replacement and nestedness components of beta-diversity [J]. Ecology, 2017, 98: 525-533.

156. WU L, SI X, DIDHAM RK, et al. Dispersal modality determines the relative partitioning of beta diversity in spider assemblages on subtropical land-bridge islands [J]. Journal of Biogeography, 2017, 44: 2121-2131.

157. CASTRO-INSUA A, GÓMEZ-RODRÍGUEZ C, BASELGA A. Break the pattern: breakpoints in beta diversity of vertebrates are general across clades and suggest common historical causes [J]. Global Ecology and Biogeography, 2016, 25: 1279-1283.

158. BASELGA A, L. ORME C D. Betapart: an R package for the study of beta diversity [J]. Methods in Ecology and Evolution, 2012, 3: 808-812.

159. VILLÉGER S, GRENOUILLET G, BROSSE S. Decomposing functional β-diversity reveals that low functional β-diversity is driven by low functional turnover in European fish assemblages [J]. Global Ecology and Biogeography, 2013, 22: 671-681.

160. VILLÉGER S, MASON N W, MOUILLOT D. New multidimensional functional diversity indices for a multifaceted framework in functional ecology [J]. Ecology, 2008, 89: 2290-2301.

161. CADOTTE M W, CARSCADDEN K, MIROTCHNICK N. Beyond species: functional diversity and the maintenance of ecological processes and services [J]. Journal of Applied Ecology, 2011, 48: 1079-1087.

162. MÜENKEMUELLER T et al. From diversity indices to community assembly processes: a test with simulated data [J]. Ecography, 2012, 35: 468-480.

163. BEVILACQUA S, TERLIZZI A, BARNES A. Nestedness and turnover unveil inverse spatial patterns of compositional and functional β-diversity at varying depth in marine benthos [J]. Diversity and Distributions, 2020, 26: 743-757.

164. ZEDLER J B, KERCHER S. Wetland resources: status, trends, ecosystem services, and restorability [J]. Annual Review of Environment and Resources,

2005，30：39-74.

165. AN S, VERHOEVEN J T. Wetland functions and ecosystem services: Implications for wetland restoration and wise use [J]. Wetlands: Ecosystem Services, Restoration and Wise UseSpringer. 2019：1-10.

166. 肖涛，石强胜，闻熠，等. 湿地生态系统服务研究进展 [J]. 生态学杂志，2022，41（6）：8.

167. DAVIDSON N C. How much wetland has the world lost? Long-term and recent trends in global wetland area [J]. Marine and Freshwater Research，2014，65：934-941.

168. HU S, NIU Z, CHEN Y, et al. Global wetlands: Potential distribution, wetland loss, and status [J]. Science of the Total Environment，2017，586：319-327.

169. Ramsar Convention on Wetlands. Global Wetland Outlook: State of the World's Wetlands and their Services to People. Gland，Switzerland：Ramsar Convention Secretariat，2018.

170. MA Z，et al. Are artificial wetlands good alternatives to natural wetlands for waterbirds? -A case study on Chongming Island，China [J]. Biodiversity and Conservation，2004，13：333-350.

171. LI D，et al. The importance of artificial habitats to migratory waterbirds within a natural/artificial wetland mosaic，Yellow River Delta，China [J]. Bird Conservation International，2013，23：184-198.

172. ALMEIDA B A，SEBASTIÁN-GONZÁLEZ E，DOS ANJOS L et al. Comparing the diversity and composition of waterbird functional traits between natural，restored，and artificial wetlands [J]. Freshwater Biology，2020，65：2196-2210.

173. SEBASTIÁN-GONZÁLEZ E，Green A J. Reduction of avian diversity in created versus natural and restored wetlands [J]. Ecography，2016，39：1176-1184.

174. DAVIDSON N，FLUET-CHOUINARD E，FINLAYSON C. Global extent and distribution of wetlands [J]：trends and issues. Marine and Freshwater Research，2018，69：620-627.

175. PIERLUISSI S. Breeding waterbirds in rice fields：a global review［J］. Waterbirds，
2010：123–132.

176. GIOSA E，MAMMIDES C，ZOTOS S. The importance of artificial wetlands for
birds：A case study from Cyprus［J］. PloS One，2018，13：e0197286.

177. IONESCU D T，HODOR C V，PETRITAN I C. Artificial wetlands as breeding
habitats for colonial waterbirds within central Romania［J］. Diversity，2020，
12：371.

178. 王荣兴，李冬梅，张淑霞，等. 中国西南不同湿地类型水鸟多样性评价［J］.
生态毒理学报，2018，13（4）：120–133.

179. FAN J，et al. Function of restored wetlands for waterbird conservation in the Yellow
Sea coast［J］. Science of the Total Environment，2021，756：144061.

180. MENG W et al. Status of wetlands in China：A review of extent，degradation，
issues and recommendations for improvement［J］. Ocean & Coastal Management，
2017，146：50–59.

181. 马炜，周天元，蒋亚芳，等. 中国湿地保护状况和未来湿地保护的目标和
重点［J］. 湿地科学，2021，19：435–441.

182. Wetland China. The report on the second national wetland resources survey
（2009–2013）［EB/OL］. http：//www. shidi. org/zt/2014xwfbh/. 2014.

183. NIU Z，et al. Mapping wetland changes in China between 1978 and 2008［J］.
Chinese Science Bulletin，2012，57：2813–2823.

184. XU W，et al. Hidden loss of wetlands in China［J］. Current Biology，2019，
29：3065–3071.

185. WANG X，KUANG F，TAN K，et al. Population trends，threats，and conservation
recommendations for waterbirds in China［J］. Avian Research，2018，9：1–13.

186. 刘金，阙品甲，张正旺. 中国水鸟的物种多样性及其国家重点保护等级调
整的建议［J］. 湿地科学，2019（2）：123–136.

187. LIU W，et al. Improving wetland ecosystem health in China［J］. Ecological
Indicators，2020，113：106184.

188. 徐春春，纪龙，陈中督，等. 中国水稻生产、市场与进出口贸易的回顾与

展望［J］.中国稻米，2021，27（4）：17-21.

189. 雷昆，张明祥.中国的湿地资源及其保护建议［J］.湿地科学，2005，（2）：81-86.

190. 刘昊.人工湿地生境在水鸟保护中的作用研究［D］.上海：华东师范大学，2006.

191. 郑景云，尹云鹤，李炳元.中国气候区划新方案［J］.地理学报，2010，（1）：3-12

192. 袁新田，刘桂建.1957年至2007年淮北平原气候变率及气候基本态特征［J］.资源科学，2012，34（12）：2356-2363.

193. 程言新，张福生，王婉茹，等.安徽省地貌分区和分类［J］.安徽地质，1996，7：63-69.

194. 乔丛林，史明礼，苏娅，等.淮北平原地区水文特征［J］.水文，2000，（3）：55-58.

195. 吴梅.淮河水系的形成与演变研究［D］.北京：中国地质大学，2013.

196. 顾也萍.安徽省淮北平原土壤资源评价［J］.安徽师范大学学报（自然科学版）.1985（02）：50-57

197. 王长荣，顾也萍.安徽淮北平原晚更新世以来地质环境与土壤发育［J］.安徽师大学报（哲学社会科学版），1995，018（002）：59-65.

198. 孙贵，詹润，随峰堂，等.安徽省煤炭资源保障能力与找矿方向分析［J］.安徽地质，2021，31：103-110.

199. 陈登红，华心祝，李寒旭，等.安徽省煤炭产业发展概况及未来发展趋向［J］.安徽科技，2020（10）：36-38.

200. 胡友彪，张治国，郑永红，等.安徽两淮矿区采煤沉陷区综合治理现状与展望［J］.中国煤炭地质，2018，30（11）：

201. 张文永 et al.两淮煤田煤系天然气勘探开发研究进展［J］.煤炭科学技术，2018，46（1）：245-251，237.

202. 谢涛.淮北平原区种子植物区系成分研究［J］.安徽农业科学，2010（28）：15818-15820.

203. 谢中稳，蔡永立，周良骝.安徽皇藏峪自然保护区的植物区系和森林植被

〔J〕.植物科学学报，1995（4 期）：310–316.

204. 王岐山.安徽动物地理区划〔J〕.安徽大学学报（自然科学版），1986（01）：47–60.

205. 李永民，吴孝兵.安徽省两栖爬行动物名录修订〔J〕.生物多样性，2019，27：1002–1011.

206. 淮北市统计局.淮北市第七次全国人口普查公报〔R〕.2021.

207. 濉溪县统计局.濉溪县 2020 年国民经济和社会发展统计公报〔R〕.2021；

208. 潘集区统计局.2020 年潘集区国民经济和社会发展统计公报〔R〕.2021；

209. 凤台县统计局.凤台县 2020 年国民经济和社会发展统计公报〔R〕.2021；

210. 颍上县统计局.2020 年颍上县国民经济和社会发展统计公报〔R〕.2021；

211. DONG S, SAMSONOV S, YIN H, et al. Spatio–temporal analysis of ground subsidence due to underground coal mining in Huainan coalfield, China〔J〕. Environmental Earth Sciences, 2015; 73: 5523–5534.

212. 胡炳南，郭文砚.我国采煤沉陷区现状，综合治理模式及治理建议〔J〕.煤矿开采，2018，23（2）：4.

213. 付艳华，胡振琪，肖武，等.高潜水位煤矿区采煤沉陷湿地及其生态治理〔J〕.湿地科学，2016（5）：6.

214. 张敏.高潜水位采煤沉陷区超前治理技术与应用研究〔D〕.安徽大学，2020.

215. HU Z, XIAO W, FU Y. Introduction to concurrent mining and reclamation for coal mines in China〔J〕. Mine Planning and Equipment Selection Springer, 2014: 781–789.

216. 胡友彪，张治国，郑永红，等，安徽两淮矿区采煤沉陷区综合治理现状与展望〔J〕.中国煤炭地质，2018，30：5–8.

217. 姜富华.结合治淮开展两淮矿区采煤沉陷区综合治理探讨〔J〕.中国水利，2010（22）：61–63.

218. 罗林峰.补偿正义视角下采煤沉陷区居民的安置路径——以安徽省"两淮"地区为例〔J〕.淮海工学院学报（人文社会科学版），2017，15（6）：4.

219. 范和生，罗林峰.采煤沉陷区失地农民再就业路径探究——以安徽省"两淮"

地区为例［J］. 北华大学学报（社会科学版），2018，19（4）：5.

220. 范和生，白琪. "两淮"采煤沉陷区失地农民权益保障的探讨［J］. 华北电力大学学报（社会科学版），2018（2）：6.

221. MENG L，FENG Q-y，ZHOU L，et al. Environmental cumulative effects of coal underground mining［J］. Procedia Earth and Planetary Science，2009，1：1280-1284.

222. 李凤明. 我国采煤沉陷区治理技术现状及发展趋势［J］. 煤矿开采，2011，16（3）：3.

223. 朱向南，朱向南，Ed.（安徽农业大学，2018）.

224. 王福琴. 安徽省两淮采煤塌陷区的现状、存在问题及治理措施建议［J］. 安徽地质，2010，20（04）：291-293.

225. MORRISON K G，REYNOLDS J K，WRIGHT I A. Subsidence fracturing of stream channel from longwall coal mining causing upwelling saline groundwater and metal-enriched contamination of surface waterway［J］. Water，Air & Soil Pollution，2019，230：1-13.

226. 郭西茜. 浅谈淮北市矿山地质环境问题及生态修复意义［J］. 资源环境与工程，2021，35（03）：364-368.

227. 刘劲松，严家平，徐良骥，谷飙，张龙. 淮南矿区不同塌陷年龄积水区环境效应分析［J］. 环境科学与技术，2009，32（09）：140-143.

228. 张辉，严家平，徐良骥，袁家柱，刘劲松. 淮南矿区塌陷水域水质理化特征分析. 煤炭工程，2008，（03）：73-76.

229. 李树志. 我国采煤沉陷土地损毁及其复垦技术现状与展望［J］. 煤炭科学技术，2014，42（01）：93-97.

230. 范廷玉，余乐，王顺，严家平，张金棚，路啊康，郭宝伟，苏金飞. 采煤沉陷区土壤中重金属的 2 种特征趋势研究. 环境科学与技术，2019，10：134-141.

231. 贺玉晓，赵同谦，刘刚才，郭晓明 魏雅丽. 采煤沉陷区土壤重金属含量对土壤酶活性的影响. 水土保持学报，2012，23（1）：214-218.

232. 朱光，王勇生. 两淮采矿区塌陷治理对策研究［C］，"生态安徽"博士科

技论坛论文集 . 2004，282-286.

233. 韩莎莎 . 两淮矿区开发工程生态环境影响及综合整治对策研究［D］. 安徽农业大学，2015.

234. 李金明，周祖昊，严子奇，贺华翔，孙青言 . 淮南采煤沉陷区蓄洪除涝潜力分析［J］. 水利水电技术，2014，45（02）：43-46.

235. 苏学武 . 采煤沉陷湿地生态服务价值及其估算方法研究［D］. 中国矿业大学，2021.

236. 李双容 . "旅游凝视"视角下淮北市南湖国家湿地公园游憩价值感知评估［J］. 云南地理环境研究，2020，32（03）：25-33.

237. 刘辉，朱晓峻，程桦，苏丽娟，戴良军，郑刘根，方申柱，姜春露，张琼，孙庆业，李玉，李栋衍 . 高潜水位采煤沉陷区人居环境与生态重构关键技术：以安徽淮北绿金湖为例［J］. 煤炭学报，2021，46（12）：4021-4032.

238. 李军，彭苏萍，张成业，杨飞，桑潇 . 微硅粉浮选中的纳米气泡稳定性及协同作用的讨论［J］. 矿业科学学报，2022，7（06）：763-769.

239. 郭彤荔 . 我国清洁能源现状及发展路径思考［J］. 中国国土资源经济，2019，32（04）：39-42.

240. 张飞燕，陈玥玥，韩颖，杨洁 . 国外煤矿产能退出政策及启迪［J］. 中国煤炭，2022，48（04）：75-79.

241. CHANGE O C. Intergovernmental panel on climate change［J］. World Meteorological Organization，2007，52：

242. PETERSON A T, et al. Ecological niches and geographic distributions（MPB-49）.［M］. Princeton：Princeton University Press，2011.

243. ARAUJO M B, GUISAN A. Five( or so )challenges for species distribution modelling［J］. Journal of biogeography，2006，33：1677-1688.

244. AUSTIN M P，Van Niel KP. （Wiley Online Library，2011）.

245. THORNTON D H, BRANCH L C, SUNQUIST M E. The influence of landscape，patch，and within-patch factors on species presence and abundance：a review of focal patch studies［J］. Landscape Ecology，2011，26：7-18.

246. DELANY S. Guidelines for participants in the International Waterbird Census

（IWC）［M］. Wageningen, The Netherlands: Wetlands International, 2005.

247. BLONDEL J. Guilds or functional groups: does it matter［J］. Oikos, 2003, 100: 223–231.

248. ZUUR A F, IENO E N, SMITH G M. Analysing ecological data［M］. Springer. New York, 2007.

249. LEPŠ J, ŠMILAUER P. Multivariate analysis of ecological data using CANOCO ［M］. Cambridge: Cambridge University Press, 2003.

250. LEGENDRE P, GALLAGHER E D. Ecologically meaningful transformations for ordination of species data［J］. Oecologia, 2001, 129: 271–280.

251. HEIKKINEN R K, LUOTO M, VIRKKALA R et al. Effects of habitat cover, landscape structure and spatial variables on the abundance of birds in an agricultural–forest mosaic［J］. Journal of Applied Ecology, 2004, 41: 824–835.

252. LEGENDRE P, BORCARD D, PERES–NETO P R. Analyzing beta diversity: partitioning the spatial variation of community composition data［J］. Ecological Monographs, 2005, 75: 435–450.

253. MCKINNEY M L. Extinction vulnerability and selectivity: combining ecological and paleontological views［J］. Annual review of ecology and systematics, 1997, 28: 495–516.

254. PURVIS A, GITTLEMAN J L, COWLISHAW G et al. Predicting extinction risk in declining species［J］. Proceedings of the royal society of London. Series B: Biological Sciences, 2000, 267: 1947–1952.

255. WANG Y, THORNTON D H, GE D, et al. Ecological correlates of vulnerability to fragmentation in forest birds on inundated subtropical land–bridge islands［J］. Biological Conservation, 2015, 191: 251–257.

256. MORROW E H, PITCHER T E. Sexual selection and the risk of extinction in birds ［J］. Proceedings of the Royal Society of London. Series B: Biological Sciences, 2003, 270: 1793–1799.

257. WOINARSKI J. Some life history comparisons of small leaf–gleaning bird species of south–eastern Australia. ［J］Corella, 1989, 13: 73–80.

258. WANG Y，et al. Ecological correlates of extinction risk in Chinese birds［J］. Ecography，2018，41：782-794.

259. JONES K E，PURVIS A，GITTLEMAN J L. Biological correlates of extinction risk in bats［J］. The American Naturalist，2003，161：601-614.

260. VAN TURNHOUT C A，FOPPEN R P，LEUVEN R S，et al. Life-history and ecological correlates of population change in Dutch breeding birds［J］. Biological Conservation，2010，143：173-181.

261. 赵正阶. 中国鸟类志［M］. 吉林科学技术出版社，2001.

262. 郑光美. 中国鸟类分类与分布名录［M］. 科学出版社，2005.

263. ALMEIDA-NETO M，ULRICH W. A straightforward computational approach for measuring nestedness using quantitative matrices［J］. Environmental Modelling & Software，2011，26：173-178.

264. COLEMAN B D. On random placement and species-area relations［J］. Mathematical Biosciences，1981；54：191-215.

265. COLEMAN B D，MARES M A，WILLIG M R，et al. Randomness，area，and species richness［J］. Ecology，1982，63：1121-1133.

266. Patterson B，Atmar W. Analyzing species composition in fragments.［J］. Isolated Vertebrate Communities in the Tropics，2000，46：9-24.

267. KEMBEL S W et al. Picante：R tools for integrating phylogenies and ecology. Bioinformatics，2010，26：1463-1464.

268. PARADIS E，SCHLIEP K. ape 5. 0：an environment for modern phylogenetics and evolutionary analyses in R［J］. Bioinformatics，2019，35：526-528.

269. SIMPSON E. Measurement of diversity. Nature［J］，1949，163：688.

270. RAO C R. Diversity and dissimilarity coefficients：A unified approach［J］. Theoretical Population Biology，1982，21：24-43.

271. BOTTA-DUKAT Z. Rao's quadratic entropy as a measure of functional diversity based on multiple traits［J］. Journal of Vegetation Science，2005，16：533-540.

272. PETCHEY O L，GASTON K J. Functional diversity：back to basics and looking forward［J］. Ecology Letters，2006，9：741-758.

273. SWENSON N G. Functional and phylogenetic ecology in R ［M］. Berlin： Germany： Springer，2014.

274. SUKUMARAN J，HOLDER M T. DendroPy： A Python library for phylogenetic computing ［J］. Bioinformatics，2010，26： 1569-1571.

275. WEBB C O. Exploring the phylogenetic structure of ecological communities： an example for rain forest trees ［J］. The American Naturalist，2000，156： 145-155.

276. GOTELLI N J，ENTSMINGER G L. Swap and fill algorithms in null model analysis： rethinking the knight's tour ［J］. Oecologia，2001，129： 281-291.

277. REVELL L J，HARMON L J，COLLAR D C. Phylogenetic signal，evolutionary process，and rate ［J］. Systematic biology，2008，57： 591-601.

278. FRITZ S A，PURVIS A. Selectivity in mammalian extinction risk and threat types： a new measure of phylogenetic signal strength in binary traits ［J］. Conservation Biology，2010，24： 1042-1051.

279. FRECKLETON R P，HARVEY P H，Pagel M. Phylogenetic analysis and comparative data： a test and review of evidence. ［J］ The American Naturalist，2002，160： 712-726.

280. PAGEL M. Inferring the historical patterns of biological evolution. Nature，1999，401： 877-884.

281. Orme D，Freckleton R，Thomas G，et al. Capper： comparatine analyses of phylogenetics and evolation in R ［J］. R package version 0.5，2012，2： 458.

282. PINHEIRO J. nlme： linear and nonlinear mixed effects models. R package version 3. 1-98. http： //cran. r-project. org/package=nlme. 2011.

283. CHEVAN A，SUTHERLAND M. Hierarchical partitioning ［J］. The American Statistician，1991，45： 90-96.

284. MAC NALLY R. Multiple regression and inference in ecology and conservation biology： further comments on identifying important predictor variables ［J］. Biodiversity & Conservation，2002，11： 1397-1401.

285. NALLY R M，WALSH C J. Hierarchical partitioning public-domain software ［J］.

Biodiversity and Conservation，2004，13：659–660.

286. BASELGA A. The relationship between species replacement，dissimilarity derived from nestedness，and nestedness［J］. Global Ecology and Biogeography，2012，21：1223–1232.

287. GOWER J C. A general coefficient of similarity and some of its properties［J］. Biometrics，1971，27：857–871.

288. MAIRE E，GRENOUILLET G，BROSSE S，et al. How many dimensions are needed to accurately assess functional diversity? A pragmatic approach for assessing the quality of functional spaces［J］. Global Ecology and Biogeography，2015，24：728–740.

289. LALIBERTÉ E，LEGENDRE P J E. A distance–based framework for measuring functional diversity from multiple traits［J］. Ecology，2010，91：299–305.

290. VILLEGER S，NOVACK–GOTTSHALL P M，MOUILLOT D. The multidimensionality of the niche reveals functional diversity changes in benthic marine biotas across geological time［J］. Ecology Letters，2011，14：561–568.

291. MURRAY N J，FULLER R A. Coordinated effort to maintain East Asian–Australasian flyway［J］. Oryx，2012，46：479–480.

292. 吴海龙，顾长明. 安徽省鸟类图志［M］. 芜湖：安徽师范大学出版社，2017.

293. 陶旭东，雷进宇，Richard H，等. 长江中下游越冬水鸟调查报告（2015）［M］. 北京：中国林业出版社，2017.

294. MARTIN T E，BLACKBURN G A. Habitat associations of an insular Wallacean avifauna：A multi–scale approach for biodiversity proxies［J］. Ecological indicators，2012，23：491–500.

295. PERES–NETO P，LEGENDRE P，DRAY S，et al. Variation partitioning of species data matrices：estimation and comparison of fractions［J］. Ecology，2006，87：2614–2625.

296. PEREZ–GARCIA J M，SEBASTIAN–GONZALEZ E，ALEXANDER K L，et al. Effect of landscape configuration and habitat quality on the community structure

of waterbirds using a man-made habitat [J]. European Journal of Wildlife Research, 2014, 60: 875-883.

297. FREEMARK K E, KIRK D A. Birds on organic and conventional farms in Ontario: partitioning effects of habitat and practices on species composition and abundance [J]. Biological Conservation, 2001, 101: 337-350.

298. QUAN R-C, WEN X, YANG X. Effects of human activities on migratory waterbirds at Lashihai Lake, China [J]. Biological Conservation, 2002, 108: 273-279.

299. YUAN Y, et al. Effects of landscape structure, habitat and human disturbance on birds: A case study in East Dongting Lake wetland [J]. Ecological Engineering, 2014, 67: 67-75.

300. LUNA-JORQUERA G, FERNANDEZ C E, RIVADENEIRA M M. Determinants of the diversity of plants, birds and mammals of coastal islands of the Humboldt current systems: implications for conservation [J]. Biodiversity and Conservation, 2012, 21: 13-32.

301. HU Z, et al. Farmland damage and its impact on the overlapped areas of cropland and coal resources in the eastern plains of China [J]. Resources, Conservation and Recycling, 2014, 86: 1-8.

302. GUADAGNIN D L, MALTCHIK L, FONSECA C R. Species-area relationship of Neotropical waterbird assemblages in remnant wetlands [J]. looking at the mechanisms. Diversity and Distributions, 2009, 15: 319-327.

303. XIE K, ZHANG Y, YI Q, et al. Optimal resource utilization and ecological restoration of aquatic zones in the coal mining subsidence areas of the Huaibei Plain in Anhui Province, China [J]. Desalination and Water Treatment, 2013, 51: 4019-4027.

304. HILL J K, et al. Ecological impacts of tropical forest fragmentation: how consistent are patterns in species richness and nestedness [J]. Philosophical Transactions of the Royal Society B-Biological Sciences, 2011, 366: 3265-3276.

305. SOGA M, KOIKE S. Patch isolation only matters for specialist butterflies but

patch area affects both specialist and generalist species ［J］. Journal of Forest Research, 2013, 18: 270–278.

306. PÉREZ-HERNÁNDEZ C G, VERGARA P M, SAURA S, et al. Do corridors promote connectivity for bird–dispersed trees? The Case of *Persea lingue* in Chilean fragmented landscapes. Landscape Ecology, 2014, 30: 77–90.

307. BERGEROT B, MERCKX T, DYCK HV, et al. Habitat fragmentation impacts mobility in a common and widespread woodland butterfly: do sexes respond differently? BMC Ecology, 2012, 12: 5.

308. LOMOLION M V. Investigating causality of nestedness of insular communities: selective immigrations or extinctions ［J］. Journal of Biogeography, 1996, 23: 699–703.

309. CALMÉS, DESROCHERS A. Nested bird and micro–habitat assemblages in a Peatland Archipelago ［J］. Oecologia, 1999, 118: 361–370.

310. ANDRÉN H. Can one use nested subset pattern to reject the random sample hypothesis? Examples from boreal bird communities ［J］. Oikos, 1994, 70: 489–491.

311. XU A, HAN X, ZHANG X, et al. Nestedness of butterfly assemblages in the Zhoushan Archipelago, China: area effects, life–history traits and conservation implications ［J］. Biodiversity and Conservation, 2017, 26: 1375–1392.

312. RUSSELL G J, DIAMOND D M, REED T M, et al. Breeding birds on small islands: Island biogeography or optimal foraging ［J］. Journal of Animal Ecology, 2006, 75: 324–339.

313. CAM E, NICHOLS J D, HINES J E, et al. Inferences about nested subsets structure when not all species are detected ［J］. Oikos, 2000, 91: 428–434.

314. KIRBY J, S et al. Key conservation issues for migratory land–and waterbird species on the world's major flyways ［J］. Bird Conservation International, 2008, 18: S49–S73.

315. CHE X et al. Phylogenetic and functional structure of wintering waterbird communities associated with ecological differences ［J］. Scientific Reports, 2018,

8：1232.

316. LOK T，OVERDIJK O，PIERSMA T. Migration tendency delays distributional response to differential survival prospects along a flyway［J］. The American Naturalist，2013，181：520-531.

317. FUKAMI T. Historical contingency in community assembly：integrating niches，species pools，and priority effects［J］. Annual Review of Ecology，Evolution，and Systematics，2015，46：1-23.

318. CARDILLO M，GITTLEMAN J L，PURVIS A. Global patterns in the phylogenetic structure of island mammal assemblages［J］. Proceedings of the Royal Society of London B：Biological Sciences，2008，275：1549-1556.

319. BRYANT J A，et al. Microbes on mountainsides：contrasting elevational patterns of bacterial and plant diversity［J］. Proceedings of the National Academy of Sciences，2008，105：11505-11511.

320. CAVENDER-BARES J，KOZAK K H，FINE P V A，et al. The merging of community ecology and phylogenetic biology［J］. Ecology Letters，2009，12：693-715.

321. CAO L，FOX A D. Birds and people both depend on China's wetlands［J］. Nature，2009，460：173.

322. RICKLEFS R E. Evolutionary diversification and the origin of the diversity-environment relationship［J］. Ecology，2006，87：S3-S13.

323. EMERSON B C，GILLESPIE R G. Phylogenetic analysis of community assembly and structure over space and time［J］. Trends in Ecology & Evolution，2008，23：619-630.

324. BRADFORD J B，KASTENDICK D N. Age-related patterns of forest complexity and carbon storage in pine and aspen-birch ecosystems of northern Minnesota，USA［J］. Canadian Journal of Forest Research，2010，40：401-409.

325. ARROYO-RODRÍGUEZ V，et al. Maintenance of tree phylogenetic diversity in a highly fragmented rain forest［J］. Journal of Ecology，2012，100：702-711.

326. CAVENDER-BARES J，ACKERLY D，BAUM D，et al. Phylogenetic overdispersion in Floridian oak communities［J］. The American Naturalist，2004，163：823-

843.

327. LALIBERTE E，et al. Land-use intensification reduces functional redundancy and response diversity in plant communities［J］. Ecology letters，2010，13：76-86.

328. LUCK G W，CARTER A，SMALLBONE L. Changes in bird functional diversity across multiple land uses：interpretations of functional redundancy depend on functional group identity［J］. PloS one，2013，8：e63671.

329. NAEEM S. Species redundancy and ecosystem reliability［J］. Conservation Biology，1998，12：39-45.

330. TONKIN J D, STOLL S, JAEHNIG S C, et la. Contrasting metacommunity structure and beta diversity in an aquatic-floodplain system［J］. Oikos，2016，125：686-697.

331. LOGEZ M，PONT D，FERREIRA M T. Do Iberian and European fish faunas exhibit convergent functional structure along environmental gradients［J］. Journal of the North American Benthological Society，2010，29：1310-1323.

332. CADOTTE M W，TUCKER C M. Should environmental filtering be abandoned［J］. Trends in Ecology & Evolution，2017，32：429-437.

333. CONCEPCIÓN E D，et al. Contrasting trait assembly patterns in plant and bird communities along environmental and human-induced land-use gradients［J］. Ecography，2017，40：753-763.

334. WANG Y P，CHEN S H，DING P. Testing multiple assembly rule models in avian communities on islands of an inundated lake, Zhejiang Province, China［J］. Journal of Biogeography，2011，38：1330-1344.

335. WEINSTEIN B G，et al. Taxonomic，Phylogenetic，and Trait Beta Diversity in South American Hummingbirds［J］. American Naturalist，2014，184：211-224.

336. ANGELER D G. Revealing a conservation challenge through partitioned long-term beta diversity：increasing turnover and decreasing nestedness of boreal lake metacommunities［J］. Diversity and Distributions，2013，19：772-781.

337. 段后浪，于秀波，石建斌，等.中国大陆沿海水鸟栖息地保护优先区及空缺分析.生态学报［J］.2021，41，9574-9580.

338. DONNELLY J P, et al. Climate and human water use diminish wetland networks supporting continental waterbird migration［J］. Global Change Biology，2020，26：2042-2059.

339. XU Y, et al. Loss of functional connectivity in migration networks induces population decline in migratory birds［J］. Ecological Applications，2019，29：e01960.

340. MURRAY N J，FULLER R A. Protecting stopover habitat for migratory shorebirds in East Asia［J］. Journal of Ornithology，2015，156：217-225.

341. LONGONI V. Rice fields and waterbirds in the Mediterranean region and the Middle East［J］. Waterbirds，2010，33：83-96.

342. HU Z，HU F，LI J，et al. Impact of coal mining subsidence on farmland in eastern China［J］. International Journal of Surface Mining，Reclamation and Environment，1997，11：91-94.

343. BIAN Z，INYANG H I，DANIELS J L，et al. Environmental issues from coal mining and their solutions［J］. Mining Science and Technology（China），2010，20：215-223.

344. LEVY S. The ecology of artificial wetlands［J］. BioScience，2015，65：346-352.

345. TABOADA M，et al. Solar water heating system and photovoltaic floating cover to reduce evaporation：Experimental results and modeling［J］. Renewable Energy，2017，105：601-615.

346. HAAS J，et al. Floating photovoltaic plants：ecological impacts versus hydropower operation flexibility［J］. Energy Conversion and Management，2020，206：112414.

347. 郑刘根 et al. 采煤沉陷复垦区重金属分布特征及生态风险评价［J］.水土保持学报，2014，28：247-251.

348. 张其兵，阎伍玖.安徽省两淮煤矿区主要环境问题及其整治对策［J］.国土与自然资源研究，2004，52–53.

349. 安士凯，等．淮南采煤沉陷区积水重金属健康风险评价［J］．中国矿业，2020，29：88–93.

350. 王婷婷．两淮采煤沉陷区小型塌陷湖泊水体营养盐限制模拟研究［D］．安徽理工大学，2014.

351. 阮淑娴，范廷玉．徐兖．两淮地区采煤塌陷水域环境现状和综合利用调查［D］．绿色科技，2014：171–174.

352. 国家林业局．中国湿地资源总卷［M］．北京：中国林业出版社，2015.

## 附表1　两淮采煤沉陷湿地湿地水鸟调查记录表

市：_____　县（市、区）：_____　乡（镇）：_____　地点名：_____　湿地名：_____

监测湿地编号：_____　样点编号：_____　样点坐标：_____　海拔：_____

天气状况：_____　栖息地类型（湿地类型）：_____　受干扰类型：_____　强度：_____

监测人员：_____　日期：___年___月___日

| 动物种名 | 数量 | | | | 备注（集群情况、觅食情况、生境状况） |
| --- | --- | --- | --- | --- | --- |
| | 成体 | 亚成体 | 幼体 | 成幼不明 | |
| | | | | | |
| 未识别出的雁鸭类：___只 | 原因： | | | | |
| 未识别出的鸻鹬类：___只 | 原因： | | | | |
| 未识别出的其他鸟类：___只 | 原因： | | | | |

注：

## 附表 II 两淮采煤沉陷湿地繁殖季水鸟名录

| 目 | 科 | 种 | 学名 | 集团类别 | IUCN等级 | 国家保护级别 | "三有"收录 | 居留型 | 生态型 | 区系 |
|---|---|---|---|---|---|---|---|---|---|---|
| 鹤形目 | 秧鸡科 | 白骨顶 | *Fulica atra* | 植食性拾取类 | LC | | 是 | 冬候鸟 | 涉禽 | 广布型 |
| | | 黑水鸡 | *Gallinula chloropus* | 植食性拾取类 | LC | | 是 | 留鸟 | 涉禽 | 广布型 |
| | | 红脚田鸡 | *Zapornia akool* | 植食性拾取类 | LC | | 是 | 留鸟 | 涉禽 | 东洋型 |
| | | 董鸡 | *Gallicrex cinerea* | 植食性拾取类 | LC | | 是 | 夏候鸟 | 涉禽 | 东洋型 |
| | | 白胸苦恶鸟 | *Amaurornis phoenicurus* | 植食性拾取类 | LC | | 是 | 夏候鸟 | 涉禽 | 东洋型 |
| | | 普通秧鸡 | *Rallus indicus* | 植食性拾取类 | LC | | 是 | 旅鸟 | 涉禽 | 古北型 |
| 鹈形目 | 鹭科 | 夜鹭 | *Nycticorax nycticorax* | 大型涉禽 | LC | | 是 | 夏候鸟 | 涉禽 | 广布型 |
| | | 中白鹭 | *Ardea intermedia* | 大型涉禽 | LC | | 是 | 夏候鸟 | 涉禽 | 广布型 |
| | | 紫背苇鳽 | *Ixobrychus eurhythmus* | 大型涉禽 | LC | | 是 | 夏候鸟 | 涉禽 | 古北型 |
| | | 白鹭 | *Egretta garzetta* | 大型涉禽 | LC | | 是 | 留鸟 | 涉禽 | 广布型 |
| | | 苍鹭 | *Ardea cinerea* | 大型涉禽 | LC | | 是 | 冬候鸟 | 涉禽 | 广布型 |
| | | 池鹭 | *Ardeola bacchus* | 大型涉禽 | LC | | 是 | 夏候鸟 | 涉禽 | 广布型 |
| | | 大白鹭 | *Ardea alba* | 大型涉禽 | LC | | 是 | 冬候鸟 | 涉禽 | 广布型 |
| | | 黄斑苇鳽 | *Ixobrychus sinensis* | 大型涉禽 | LC | | 是 | 夏候鸟 | 涉禽 | 广布型 |
| | | 栗斑苇鳽 | *Ixobrychus cinnamomeus* | 大型涉禽 | LC | | 是 | 夏候鸟 | 涉禽 | 广布型 |
| | | 绿鹭 | *Butorides striata* | 大型涉禽 | LC | | 是 | 夏候鸟 | 涉禽 | 广布型 |

（续）

| 目 | 科 | 种 | 学名 | 集团类别 | IUCN等级 | 国家保护级别 | "三有"收录 | 居留型 | 生态型 | 区系 |
|---|---|---|---|---|---|---|---|---|---|---|
| 鸻形目 | 鹭科 | 牛背鹭 | *Bubulcus ibis* | 大型涉禽 | LC | | 是 | 夏候鸟 | 涉禽 | 广布型 |
| | 鸻科 | 环颈鸻 | *Charadrius alexandrinus* | 小型涉禽 | LC | | 是 | 冬候鸟 | 涉禽 | 广布型 |
| | | 灰头麦鸡 | *Vanellus cinereus* | 小型涉禽 | LC | | 是 | 旅鸟 | 涉禽 | 古北型 |
| | | 金眶鸻 | *Charadrius dubius* | 小型涉禽 | LC | | 是 | 夏候鸟 | 涉禽 | 广布型 |
| | 鸥科 | 普通燕鸥 | *Sterna hirundo* | 鸥类 | LC | | 是 | 旅鸟 | 游禽 | 古北型 |
| | | 须浮鸥 | *Chlidonias hybrida* | 鸥类 | LC | | 是 | 夏候鸟 | 游禽 | 广布型 |
| | 反嘴鹬科 | 黑翅长脚鹬 | *Himantopus himantopus* | 小型涉禽 | LC | | 是 | 冬候鸟 | 涉禽 | 广布型 |
| | 鹬科 | 矶鹬 | *Actitis hypoleucos* | 小型涉禽 | LC | | 是 | 旅鸟 | 涉禽 | 古北型 |
| | 燕鸻科 | 普通燕鸻 | *Glareola maldivarum* | 小型涉禽 | LC | | 是 | 旅鸟 | 涉禽 | 广布型 |
| | 水雉科 | 水雉 | *Hydrophasianus chirurgus* | 植食性拾取类 | LC | 二级 | 是 | 夏候鸟 | 涉禽 | 东洋型 |
| 雁形目 | 鸭科 | 绿头鸭 | *Anas platyrhynchos* | 鸭类 | LC | | 是 | 冬候鸟 | 游禽 | 古北型 |
| | | 斑嘴鸭 | *Anas zonorhyncha* | 鸭类 | LC | | 是 | 留鸟 | 游禽 | 广布型 |
| 䴙䴘目 | 䴙䴘科 | 凤头䴙䴘 | *Podiceps cristatus* | 潜水性鸟类 | LC | | 是 | 冬候鸟 | 游禽 | 古北型 |
| | | 小䴙䴘 | *Tachybaptus ruficollis* | 潜水性鸟类 | LC | | 是 | 留鸟 | 游禽 | 广布型 |

注：IUCN等级中，LC表示无危。国家保护级别参照国务院2021年1月批准的《国家重点保护野生动物名录》。"三有"收录指该物种被列入《国家保护的有重要生态、科学、社会价值的陆生野生动物名录》。

## 附表 III　两淮采煤沉陷湿地越冬季水鸟名录

| 目 | 科 | 种 | 学名 | 集团类别 | IUCN等级 | 国家保护级别 | "三有"收录 | 居留型 | 生态型 | 区系 |
| --- | --- | --- | --- | --- | --- | --- | --- | --- | --- | --- |
| 潜鸟目 | 潜鸟科 | 黑喉潜鸟 | *Gavia arctica* | 潜水性鸟类 | LC | | 是 | 迷鸟 | 游禽 | 古北型 |
| 䴙䴘目 | 䴙䴘科 | 凤头䴙䴘 | *Podiceps cristatus* | 潜水性鸟类 | LC | | 是 | 冬候鸟 | 游禽 | 古北型 |
| | | 小䴙䴘 | *Tachybaptus ruficollis* | 潜水性鸟类 | LC | | 是 | 留鸟 | 游禽 | 广布型 |
| 鲣鸟目 | 鸬鹚科 | 普通鸬鹚 | *Phalacrocorax carbo* | 潜水性鸟类 | LC | | 是 | 冬候鸟 | 游禽 | 广布型 |
| 鹈形目 | 鹭科 | 白鹭 | *Egretta garzetta* | 大型涉禽 | LC | | 是 | 留鸟 | 涉禽 | 广布型 |
| | | 苍鹭 | *Ardea cinerea* | 大型涉禽 | LC | | 是 | 冬候鸟 | 涉禽 | 广布型 |
| | | 池鹭 | *Ardeola bacchus* | 大型涉禽 | LC | | 是 | 夏候鸟 | 涉禽 | 广布型 |
| | | 大白鹭 | *Ardea alba* | 大型涉禽 | LC | | 是 | 冬候鸟 | 涉禽 | 广布型 |
| | | 牛背鹭 | *Bubulcus ibis* | 大型涉禽 | LC | | 是 | 夏候鸟 | 涉禽 | 广布型 |
| | | 夜鹭 | *Nycticorax nycticorax* | 大型涉禽 | LC | | 是 | 夏候鸟 | 涉禽 | 广布型 |
| | | 中白鹭 | *Ardea intermedia* | 大型涉禽 | LC | | 是 | 夏候鸟 | 涉禽 | 广布型 |
| | | 大麻鳽 | *Botaurus stellaris* | 大型涉禽 | LC | | 是 | 旅鸟 | 涉禽 | 古北型 |
| | | 黄苇鳽 | *Ixobrychus sinensis* | 大型涉禽 | LC | | 是 | 夏候鸟 | 涉禽 | 广布型 |

| 目 | 科 | 种 | 学名 | 集团类别 | IUCN等级 | 国家保护级别 | "三有"收录 | 居留型 | 生态型 | 区系 |
|---|---|---|---|---|---|---|---|---|---|---|
| | 鹮科 | 白琵鹭 | *Platalea leucorodia* | 大型涉禽 | LC | 二级 | 否 | 旅鸟 | 涉禽 | 古北型 |
| 雁形目 | 鸭科 | 小天鹅 | *Cygnus columbianus* | 鸭类 | LC | 二级 | 否 | 冬候鸟 | 游禽 | 古北型 |
| | | 白额雁 | *Anser albifrons* | 鸭类 | LC | 二级 | 否 | 冬候鸟 | 游禽 | 古北型 |
| | | 鸿雁 | *Anser cygnoid* | 鸭类 | VU | 二级 | 是 | 冬候鸟 | 游禽 | 古北型 |
| | | 灰雁 | *Anser anser* | 鸭类 | LC | | 是 | 冬候鸟 | 游禽 | 古北型 |
| | | 豆雁 | *Anser fabalis* | 鸭类 | LC | | 是 | 冬候鸟 | 游禽 | 古北型 |
| | | 翘鼻麻鸭 | *Tadorna tadorna* | 鸭类 | LC | | 是 | 冬候鸟 | 游禽 | 古北型 |
| | | 赤颈鸭 | *Mareca penelope* | 鸭类 | LC | | 是 | 冬候鸟 | 游禽 | 古北型 |
| | | 赤麻鸭 | *Tadorna ferruginea* | 鸭类 | LC | | 是 | 冬候鸟 | 游禽 | 古北型 |
| | | 赤膀鸭 | *Mareca strepera* | 鸭类 | LC | | 是 | 冬候鸟 | 游禽 | 古北型 |
| | | 斑嘴鸭 | *Anas zonorhyncha* | 鸭类 | LC | | 是 | 留鸟 | 游禽 | 广布型 |
| | | 白眉鸭 | *Spatula querquedula* | 鸭类 | LC | | 是 | 冬候鸟 | 游禽 | 古北型 |
| | | 花脸鸭 | *Sibirionetta formosa* | 鸭类 | LC | 二级 | 是 | 冬候鸟 | 游禽 | 古北型 |
| | | 罗纹鸭 | *Mareca falcata* | 鸭类 | NT | | 是 | 冬候鸟 | 游禽 | 古北型 |

（续）

| 目 | 科 | 种 | 学名 | 集团类别 | IUCN等级 | 国家保护级别 | "三有"收录 | 居留型 | 生态型 | 区系 |
|---|---|---|---|---|---|---|---|---|---|---|
| | | 绿翅鸭 | *Anas crecca* | 鸭类 | LC | | 是 | 冬候鸟 | 游禽 | 古北型 |
| | | 绿头鸭 | *Anas platyrhynchos* | 鸭类 | LC | | 是 | 冬候鸟 | 游禽 | 古北型 |
| | | 琵嘴鸭 | *Spatula clypeata* | 鸭类 | LC | | 是 | 旅鸟 | 游禽 | 古北型 |
| | | 鸳鸯 | *Aix galericulata* | 鸭类 | LC | 二级 | 否 | 冬候鸟 | 游禽 | 古北型 |
| | | 针尾鸭 | *Anas acuta* | 鸭类 | LC | | 是 | 旅鸟 | 游禽 | 广布型 |
| | | 凤头潜鸭 | *Aythya fuligula* | 潜水性鸟类 | LC | | 是 | 旅鸟 | 游禽 | 古北型 |
| | | 红头潜鸭 | *Aythya ferina* | 潜水性鸟类 | VU | | 是 | 旅鸟 | 游禽 | 古北型 |
| | | 青头潜鸭 | *Aythya baeri* | 潜水性鸟类 | CR | 一级 | 是 | 旅鸟 | 游禽 | 古北型 |
| | | 白眼潜鸭 | *Aythya nyroca* | 潜水性鸟类 | NT | | 是 | 冬候鸟 | 游禽 | 古北型 |
| | | 斑头秋沙鸭 | *Mergellus albellus* | 潜水性鸟类 | LC | 二级 | 是 | 冬候鸟 | 游禽 | 古北型 |
| | | 普通秋沙鸭 | *Mergus merganser* | 潜水性鸟类 | LC | | 是 | 冬候鸟 | 游禽 | 古北型 |
| 鹤形目 | 秧鸡科 | 白骨顶 | *Fulica atra* | 植食性拾取类 | LC | | 是 | 冬候鸟 | 涉禽 | 广布型 |
| | | 黑水鸡 | *Gallinula chloropus* | 植食性拾取类 | LC | | 是 | 留鸟 | 涉禽 | 广布型 |

（续）

| 目 | 科 | 种 | 学名 | 集团类别 | IUCN等级 | 国家保护级别 | "三有"收录 | 居留型 | 生态型 | 区系 |
|---|---|---|---|---|---|---|---|---|---|---|
| | | 红胸田鸡 | *Zapornia akool* | 植食性捕取类 | LC | | 是 | 留鸟 | 涉禽 | 东洋型 |
| | | 小田鸡 | *Zapornia pusilla* | 植食性拾取类 | LC | | 是 | 旅鸟 | 涉禽 | 广布型 |
| 鸻形目 | 水雉科 | 水雉 | *Hydrophasianus chirurgus* | 植食性拾取类 | LC | 二级 | 是 | 夏候鸟 | 涉禽 | 东洋型 |
| | 反嘴鹬科 | 黑翅长脚鹬 | *Himantopus himantopus* | 小型涉禽 | LC | | 是 | 冬候鸟 | 涉禽 | 广布型 |
| | 鸻科 | 凤头麦鸡 | *Vanellus vanellus* | 小型涉禽 | NT | | 是 | 旅鸟 | 涉禽 | 古北型 |
| | | 灰头麦鸡 | *Vanellus cinereus* | 小型涉禽 | LC | | 是 | 旅鸟 | 涉禽 | 古北型 |
| | | 环颈鸻 | *Charadrius alexandrinus* | 小型涉禽 | LC | | 是 | 冬候鸟 | 涉禽 | 广布型 |
| | | 金眶鸻 | *Charadrius dubius* | 小型涉禽 | LC | | 是 | 夏候鸟 | 涉禽 | 广布型 |
| | | 长嘴剑鸻 | *Charadrius placidus* | 小型涉禽 | LC | | 是 | 旅鸟 | 涉禽 | 古北型 |
| | 鹬科 | 扇尾沙锥 | *Gallinago gallinago* | 小型涉禽 | LC | | 是 | 旅鸟 | 涉禽 | 古北型 |
| | | 白腰草鹬 | *Tringa ochropus* | 小型涉禽 | LC | | 是 | 冬候鸟 | 涉禽 | 古北型 |
| | | 鹤鹬 | *Tringa erythropus* | 小型涉禽 | LC | | 是 | 旅鸟 | 涉禽 | 古北型 |

（续）

| 目 | 科 | 种 | 学名 | 集团类别 | IUCN 等级 | 国家保护级别 | "三有"收录 | 居留型 | 生态型 | 区系 |
|---|---|---|---|---|---|---|---|---|---|---|
| | | 红脚鹬 | *Tringa totanus* | 小型涉禽 | LC | | 是 | 旅鸟 | 涉禽 | 古北型 |
| | | 矶鹬 | *Actitis hypoleucos* | 小型涉禽 | LC | | 是 | 旅鸟 | 涉禽 | 古北型 |
| | | 泽鹬 | *Tringa stagnatilis* | 小型涉禽 | LC | | 是 | 旅鸟 | 涉禽 | 古北型 |
| | | 青脚鹬 | *Tringa nebularia* | 小型涉禽 | LC | | 是 | 旅鸟 | 涉禽 | 古北型 |
| | | 青脚滨鹬 | *Calidris temminckii* | 小型涉禽 | LC | | 是 | 旅鸟 | 涉禽 | 古北型 |
| | | 黑腹滨鹬 | *Calidris alpina* | 小型涉禽 | LC | | 是 | 旅鸟 | 涉禽 | 古北型 |
| | 鸥科 | 西伯利亚银鸥 | *Larus smithsonianus* | 鸥类 | LC | | 是 | 冬候鸟 | 游禽 | 古北型 |
| | | 红嘴鸥 | *Chroicocephalus ridibundus* | 鸥类 | LC | | 是 | 冬候鸟 | 游禽 | 古北型 |
| | | 普通燕鸥 | *Sterna hirundo* | 鸥类 | LC | | 是 | 旅鸟 | 游禽 | 古北型 |
| | | 须浮鸥 | *Chlidonias hybrida* | 鸥类 | LC | | 是 | 夏候鸟 | 游禽 | 广布型 |

注：IUCN 等级中，CR 表示极危，VU 表示易危，NT 表示近危，LC 表示无危。国家保护级别参照国务院 2021 年 1 月批准的《国家重点保护野生动物名录》。"三有"收录指该种被列入《国家保护的有重要生态、科学、社会价值的陆生野生动物名录》。

## 附图 Ⅰ 两淮采煤沉陷区行政区划图

## 附图 II　两淮采煤沉陷区遥感图（2016 年）

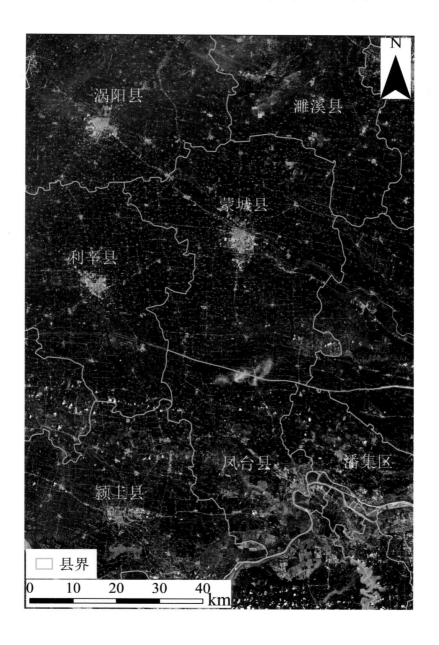

## 附图 III　两淮采煤沉陷区遥感图（2021 年）

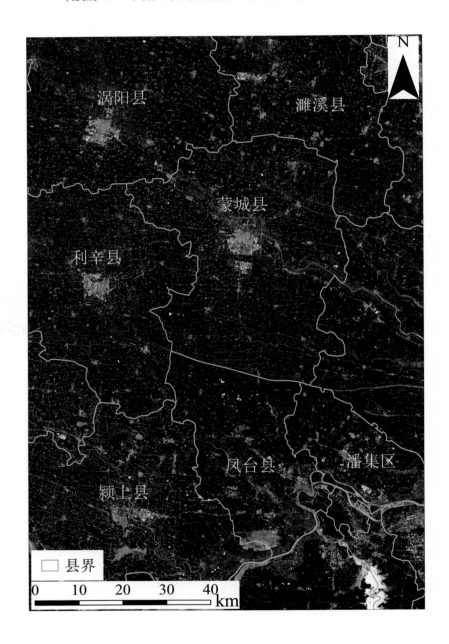

## 附图 IV　两淮采煤沉陷湿地水鸟群落物种功能树状图

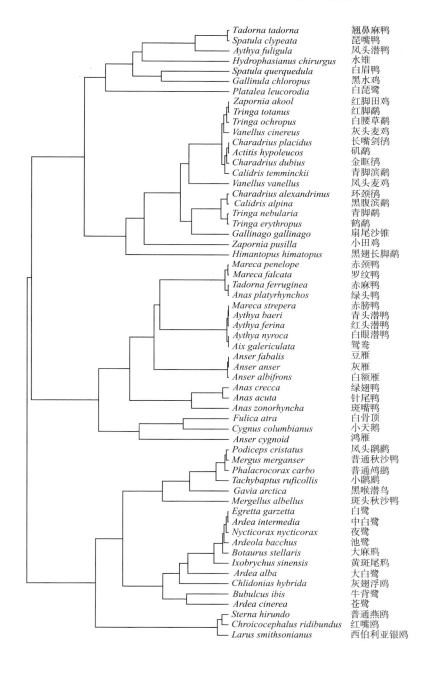

| | |
|---|---|
| *Tadorna tadorna* | 翘鼻麻鸭 |
| *Spatula clypeata* | 琵嘴鸭 |
| *Aythya fuligula* | 凤头潜鸭 |
| *Hydrophasianus chirurgus* | 水雉 |
| *Spatula querquedula* | 白眉鸭 |
| *Gallinula chloropus* | 黑水鸡 |
| *Platalea leucorodia* | 白琵鹭 |
| *Zapornia akool* | 红脚田鸡 |
| *Tringa totanus* | 红脚鹬 |
| *Tringa ochropus* | 白腰草鹬 |
| *Vanellus cinereus* | 灰头麦鸡 |
| *Charadrius placidus* | 长嘴剑鸻 |
| *Actitis hypoleucos* | 矶鹬 |
| *Charadrius dubius* | 金眶鸻 |
| *Calidris temminckii* | 青脚滨鹬 |
| *Vanellus vanellus* | 凤头麦鸡 |
| *Charadrius alexandrinus* | 环颈鸻 |
| *Calidris alpina* | 黑腹滨鹬 |
| *Tringa nebularia* | 青脚鹬 |
| *Tringa erythropus* | 鹤鹬 |
| *Gallinago gallinago* | 扇尾沙锥 |
| *Zapornia pusilla* | 小田鸡 |
| *Himantopus himatopus* | 黑翅长脚鹬 |
| *Mareca penelope* | 赤颈鸭 |
| *Mareca falcata* | 罗纹鸭 |
| *Tadorna ferruginea* | 赤麻鸭 |
| *Anas platyrhynchos* | 绿头鸭 |
| *Mareca strepera* | 赤膀鸭 |
| *Aythya baeri* | 青头潜鸭 |
| *Aythya ferina* | 红头潜鸭 |
| *Aythya nyroca* | 白眼潜鸭 |
| *Aix galericulata* | 鸳鸯 |
| *Anser fabalis* | 豆雁 |
| *Anser anser* | 灰雁 |
| *Anser albifrons* | 白额雁 |
| *Anas crecca* | 绿翅鸭 |
| *Anas acuta* | 针尾鸭 |
| *Anas zonorhyncha* | 斑嘴鸭 |
| *Fulica atra* | 白骨顶 |
| *Cygnus columbianus* | 小天鹅 |
| *Anser cygnoid* | 鸿雁 |
| *Podiceps cristatus* | 凤头䴙䴘 |
| *Mergus merganser* | 普通秋沙鸭 |
| *Phalacrocorax carbo* | 普通鸬鹚 |
| *Tachybaptus ruficollis* | 小䴙䴘 |
| *Gavia arctica* | 黑喉潜鸟 |
| *Mergellus albellus* | 斑头秋沙鸭 |
| *Egretta garzetta* | 白鹭 |
| *Ardea intermedia* | 中白鹭 |
| *Nycticorax nycticorax* | 夜鹭 |
| *Ardeola bacchus* | 池鹭 |
| *Botaurus stellaris* | 大麻鳽 |
| *Ixobrychus sinensis* | 黄斑尾鳽 |
| *Ardea alba* | 大白鹭 |
| *Chlidonias hybrida* | 灰翅浮鸥 |
| *Bubulcus ibis* | 牛背鹭 |
| *Ardea cinerea* | 苍鹭 |
| *Sterna hirundo* | 普通燕鸥 |
| *Chroicocephalus ridibundus* | 红嘴鸥 |
| *Larus smithsonianus* | 西伯利亚银鸥 |

## 附图 Ⅴ 两淮采煤沉陷湿地水鸟群落物种谱系树状图

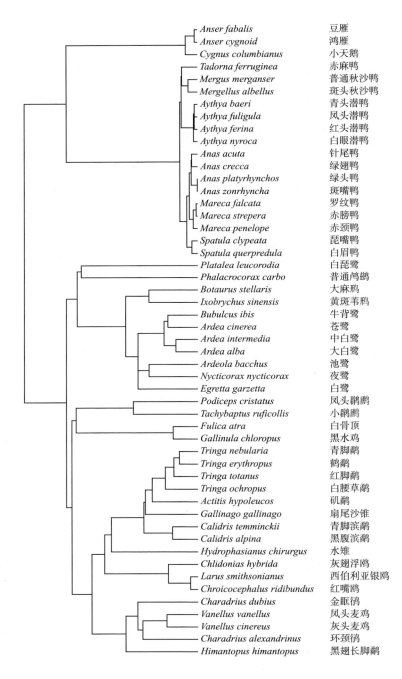

| | |
|---|---|
| *Anser fabalis* | 豆雁 |
| *Anser cygnoid* | 鸿雁 |
| *Cygnus columbianus* | 小天鹅 |
| *Tadorna ferruginea* | 赤麻鸭 |
| *Mergus merganser* | 普通秋沙鸭 |
| *Mergellus albellus* | 斑头秋沙鸭 |
| *Aythya baeri* | 青头潜鸭 |
| *Aythya fuligula* | 凤头潜鸭 |
| *Aythya ferina* | 红头潜鸭 |
| *Aythya nyroca* | 白眼潜鸭 |
| *Anas acuta* | 针尾鸭 |
| *Anas crecca* | 绿翅鸭 |
| *Anas platyrhynchos* | 绿头鸭 |
| *Anas zonrhyncha* | 斑嘴鸭 |
| *Mareca falcata* | 罗纹鸭 |
| *Mareca strepera* | 赤膀鸭 |
| *Mareca penelope* | 赤颈鸭 |
| *Spatula clypeata* | 琵嘴鸭 |
| *Spatula querpredula* | 白眉鸭 |
| *Platalea leucorodia* | 白琵鹭 |
| *Phalacrocorax carbo* | 普通鸬鹚 |
| *Botaurus stellaris* | 大麻鳽 |
| *Ixobrychus sinensis* | 黄斑苇鳽 |
| *Bubulcus ibis* | 牛背鹭 |
| *Ardea cinerea* | 苍鹭 |
| *Ardea intermedia* | 中白鹭 |
| *Ardea alba* | 大白鹭 |
| *Ardeola bacchus* | 池鹭 |
| *Nycticorax nycticorax* | 夜鹭 |
| *Egretta garzetta* | 白鹭 |
| *Podiceps cristatus* | 凤头䴙䴘 |
| *Tachybaptus ruficollis* | 小䴙䴘 |
| *Fulica atra* | 白骨顶 |
| *Gallinula chloropus* | 黑水鸡 |
| *Tringa nebularia* | 青脚鹬 |
| *Tringa erythropus* | 鹤鹬 |
| *Tringa totanus* | 红脚鹬 |
| *Tringa ochropus* | 白腰草鹬 |
| *Actitis hypoleucos* | 矶鹬 |
| *Gallinago gallinago* | 扇尾沙锥 |
| *Calidris temminckii* | 青脚滨鹬 |
| *Calidris alpina* | 黑腹滨鹬 |
| *Hydrophasianus chirurgus* | 水雉 |
| *Chlidonias hybrida* | 灰翅浮鸥 |
| *Larus smithsonianus* | 西伯利亚银鸥 |
| *Chroicocephalus ridibundus* | 红嘴鸥 |
| *Charadrius dubius* | 金眶鸻 |
| *Vanellus vanellus* | 凤头麦鸡 |
| *Vanellus cinereus* | 灰头麦鸡 |
| *Charadrius alexandrinus* | 环颈鸻 |
| *Himantopus himantopus* | 黑翅长脚鹬 |

## 附图 Ⅵ　两淮地区部分采煤沉陷湿地近年来发展情况

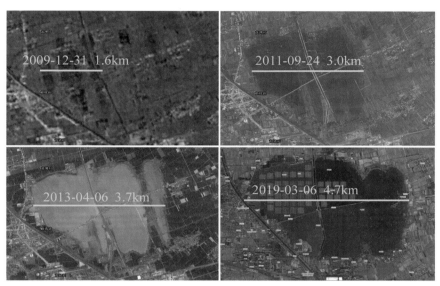

淮南市凤台县顾桥镇采煤沉陷湿地变化情况

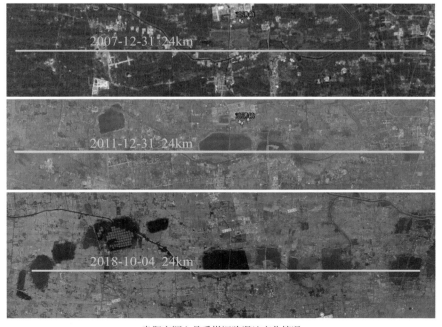

阜阳市颍上县采煤沉陷湿地变化情况

## 附图 VII　两淮采煤沉陷湿地部分水鸟照片

豆雁

小天鹅

罗纹鸭、凤头䴙䴘

黑腹滨鹬

白骨顶

白琵鹭、大白鹭、苍鹭、斑嘴鸭

普通鸬鹚

夜鹭

## 附图 VIII 两淮采煤沉陷湿地景观图

沉陷的村庄　　　　　　　　　　　煤矸石铺设的简易道路

沉陷的杨树　　　　　　　　　　　远处发电厂的烟囱

湿生植被　　　　　　　　　　　　挺水植被

浮叶植被　　　　　　　　　　　　沉水植被

## 附图 IX　两淮采煤沉陷湿地水鸟面临的干扰

光伏发电板

非法采沙

水产养殖（1）

水产养殖（2）

解救被夹住的大白鹭

风能发电机

随处可见的工程车

环绕湿地的煤矸石

# 附图 X　野外调查工作照

水鸟调查

环境因子调查

# 致　　谢

本书的相关研究得到了国家自然科学基金（31970500）和生态环境部生物多样性示范监测项目的支持。

以下同仁对本研究给予了极大的帮助，在此一并表示感谢！

| | |
|---|---|
| 徐海根 | 生态环境部南京环境科学研究所 |
| 崔　鹏 | 生态环境部南京环境科学研究所 |
| 张文文 | 生态环境部南京环境科学研究所 |
| 伊剑锋 | 生态环境部南京环境科学研究所 |
| 刘　威 | 生态环境部南京环境科学研究所 |
| 杨　森 | 复旦大学生命科学学院 |
| 张保卫 | 安徽大学生命科学学院 |
| 马号号 | 安徽大学生命科学学院 |
| 姜春露 | 安徽大学资源与环境工程学院 |
| 张　永 | 南京林业大学生物与环境学院 |
| 王彦平 | 南京师范大学生命科学学院 |
| 黄　峥 | 南京师范大学生命科学学院 |
| 冯　刚 | 内蒙古大学生命科学学院 |
| 赵彬彬 | 淮北市濉溪县科学技术局 |
| 张　永 | 北京大学马克思主义学院 |
| 邹维明 | 江苏观鸟会 |
| 黄丽华 | 中国科学技术大学 |
| Willem F. de Boer | 荷兰瓦赫宁根大学 |
| Jens–Christian Svenning | 丹麦奥胡斯大学 |